Shinnieの貼布縫圖案集

我喜歡的幸福小事記

Shinnieの貼布縫圖案集

我喜歡的幸福小事記

Shinnieの貼布縫圖案集

我喜歡的幸福小事記

Shinnieの貼布縫圖案集

我喜歡的幸福小事記

Shinnieの貼布縫圖案集

我喜歡的幸福小事記

Preface

將喜歡的小事，
貼縫成幸福的模樣。

嗨！來玩貼布縫吧！

疫情期間，我最喜歡作的事就是貼布縫。
在製作貼布縫時，
總能讓人安定心神，精神愉悅，
這本書從「我喜歡…」的概念出發，
與你分享 Shinnie 喜歡的日常，
是不是也和我有一樣的喜歡和默契呢？

我喜歡，下雨天：
戶外的空氣有種清新感，
穿著雨鞋踩著水花，也不怕雨水浸進鞋子裡。
我喜歡，逛麵包店：
計算好麵包出爐的時間，
走進店裡，聞到一陣陣的麵包香味，就想買回家啦！
我喜歡，文青的打扮模樣：
戴著貝蕾帽，手拿畫冊，
在陽光暖暖照耀下，伸伸懶腰，享受舒服的日常。
我喜歡冬天：
幫自己冰冷的雙腳，穿上厚厚的棉襪，頓時就暖和了。
我喜歡下雪的日子：
泡在熱呼呼的溫泉池，真的是舒服極了。
我喜歡和小動物對話：
今天好嗎？有沒有吃飽飽呢？

在內容構思時，
寫下了數十條的我喜歡，
透過可愛的女孩及小動物們，
傳達幸福的滋味，
獻給與我一樣喜歡手作，喜歡生活的您。

這是我第一次嘗試
以圖案集的形式製作作品，
希望透過圖案集的想像能量，
提供給您更多元、更寬廣的拼布設計。

和我一起保持開心，來玩貼布縫吧！
也期待您
以手作寫下專屬自己的每一件幸福小事♥

Shinnie

Shinnie's Quilt House：台北市永康街 23 巷 14 號 1 樓
粉絲頁：https://www.facebook.com/ShinniesQuiltHouse
購物網：http://www.shinniequilt.com/

Content 目錄

note 1 我喜歡的，幸福小事記

note 2 喜歡手作，喜歡生活

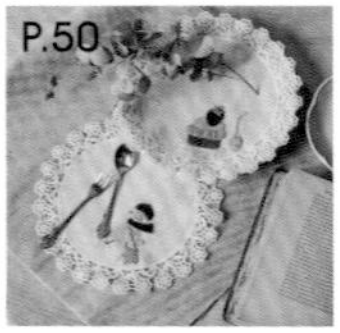

Shinnieの
貼布縫圖案集
我喜歡的幸福小事記

note 3
貼布筆記

★隨書附贈
精美圖案附錄別冊

Shinnieの貼布縫圖案集

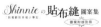

note 1

我喜歡的，幸福小事記

在等待放晴的日子裡，
手作
永遠都是
能夠帶來陽光的力量。

過好每一天，
一定就能發現，
屬於自己的幸福小事。

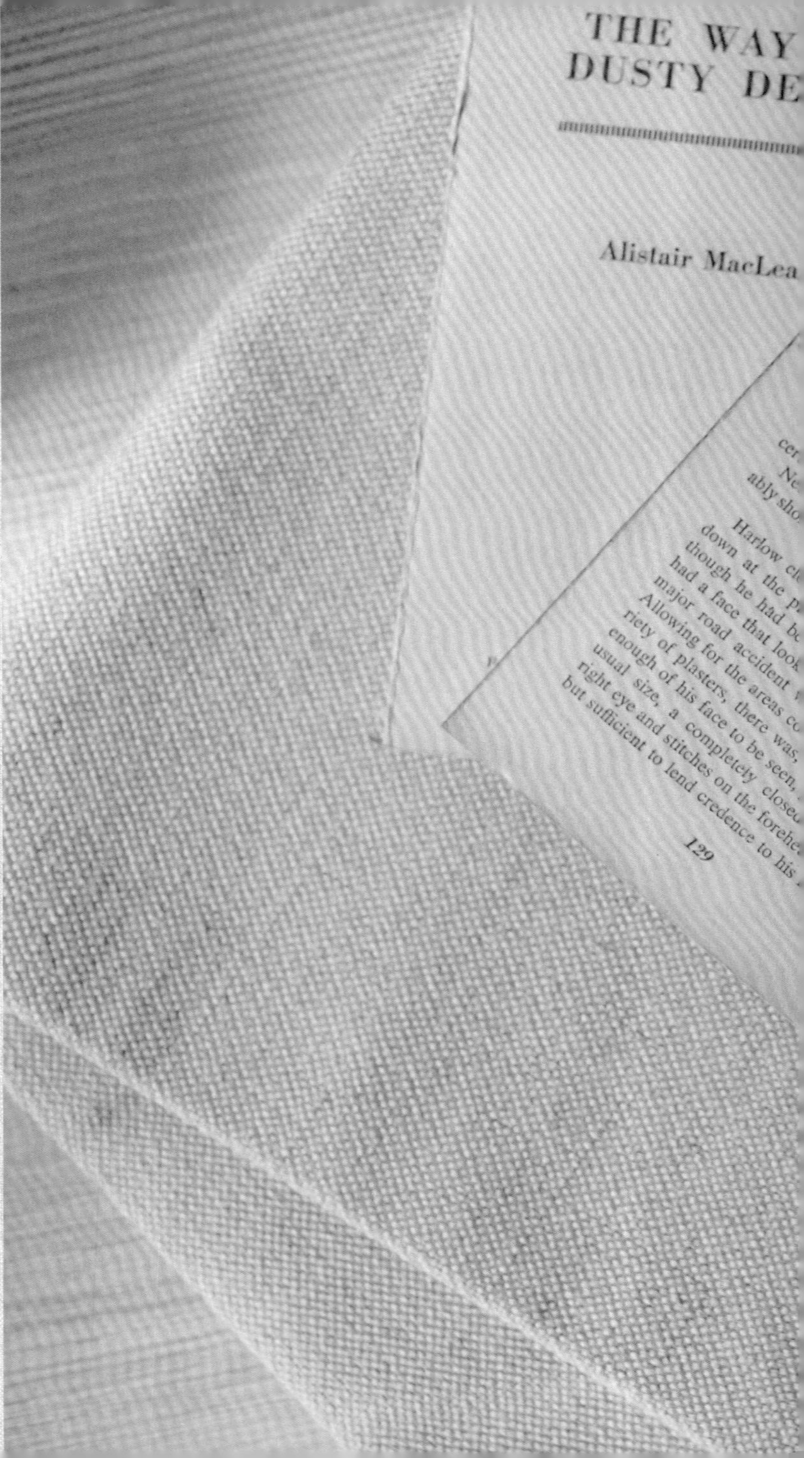

note 1
我喜歡的
幸福小事記

下雨，不下雨，
都是好日子。

聽小雨打在傘上，
叮叮咚咚真好聽。

踩在積水的道路上，
一路濺起小水花。

小熊雨傘

瓢蟲雨傘

南瓜雨傘

蘑菇雨傘

沒下雨的日子，
也帶把喜歡的傘出門吧！
搭出自己的小時尚。

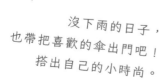

與寵物約會，永遠都有時間。

我喜歡，和小雞對話。
也像是對自己喊話：
今天好嗎？
明天也要一起加油喔！

我喜歡，
觀察我的小兔子，
在牠大大的耳朵裡，
是不是藏著
可愛的小祕密呢？

我喜歡，
抱著我的羊咩咩，
大家都說，
我們長得愈來愈像了，

謝謝你，和我一樣可愛。

為心愛的寵物貼縫自畫像，
就是最獨一無二的
居家布置！

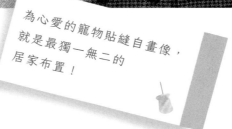

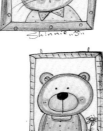

我喜歡的，每一天，
都是自由的小旅行。

我喜歡，
逛麵包店，
哇！
今天有我最愛的沙拉麵包耶！

我喜歡，
想像著在廚房裡挑戰，
各式各樣可口，
但吃不胖的糕點。

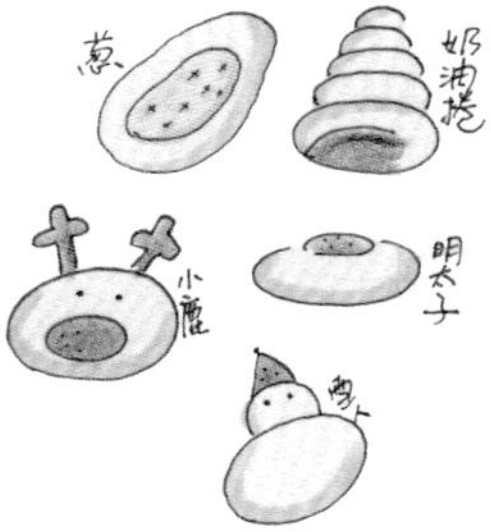

今天的你，
想吃哪一道點心呢？
不如來玩「看見什麼吃什麼」
也許會有意外發現的美食喔！

我喜歡在夏天的午后散步，
一邊散步，一邊吃著冰淇淋，
與我的貓咪一起曬曬幸福。

我喜歡，
帶著鴿子到處走走。
聽牠與公園裡的朋友，
一起開心唱歌。

生活是創作的靈感。
偶而出門曬曬太陽，
某些想法，也會忽然跳出來呢！

我喜歡，
帶著我的畫畫本，
在公園尋寶，
接觸大自然，
是最好的寫生題材了！

我喜歡看展覽，
關注喜歡的事物，
無論收集或欣賞，
往往都會有
意想不到的靈感收穫。

旅行是件療癒的事。
有時，
給自己半天的時間，
好好放鬆，好好呼吸，
煩惱也都能迎刃而解。

note 1
我喜歡的，
幸福小事記

我喜歡圓形。
我喜歡，收集自己的喜歡。

我喜歡，
收集圓圓的東西。
彩球毛毛蟲真可愛。

我喜歡，
裝飾了小圓球的毛帽。

我喜歡，圓圓的雪人，
還有他手上的白色雪球。

有圓圓耳朵的
小熊汽球。

戴著球型鈴噹的貓咪。

螺旋奶油
草莓杯子蛋糕。

戴著圓釦頸鍊的貓咪。

懂得自己的喜歡，
寵愛自己，
是最值得努力的事。

note 1

我喜歡的，
幸福小事記

活得漂亮，
也要穿得漂亮！

我喜歡，
穿著小洋裝的自己，
是個人見人愛的小小淑女。

我喜歡，
帥氣無比的公主風，
寵物小雞是我的隨侍，
戴著皇冠，昂首闊步。

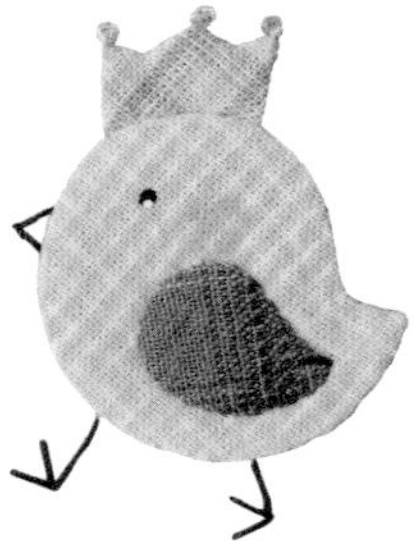

我喜歡冬天。
毛衣上的兔兔，
是自己貼縫的圖案，
帶牠一起去泡湯！

我喜歡，
戴上貝蕾帽，
就像是個小畫家。

我喜歡
提著小竹籃出門，
穿搭，就是要有自己的風格。

拎著自己的手作包上街，
就是我的獨家時尚。

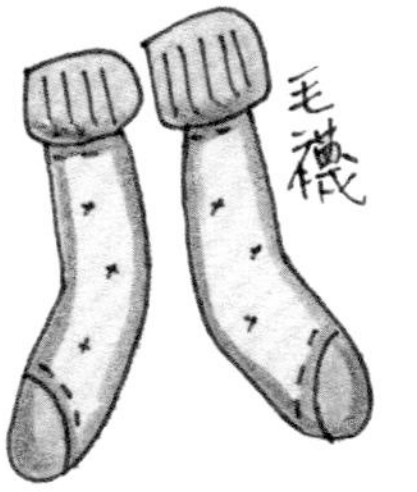

喜歡的手作包，
喜歡的衣服風格，
喜歡的生活方式，
作自己，是一種時尚態度。

保持自己喜歡的樣子。

我喜歡
蝴蝶結髮帶，
有蝴蝶結的包包，
我的穿搭儀式感，
就是要一整套的。

我喜歡
大波浪的捲捲髮。
美髮師每次都問：
今天想作什麼造型呢？
我總是
一成不變的回答：大波浪的捲捲髮。

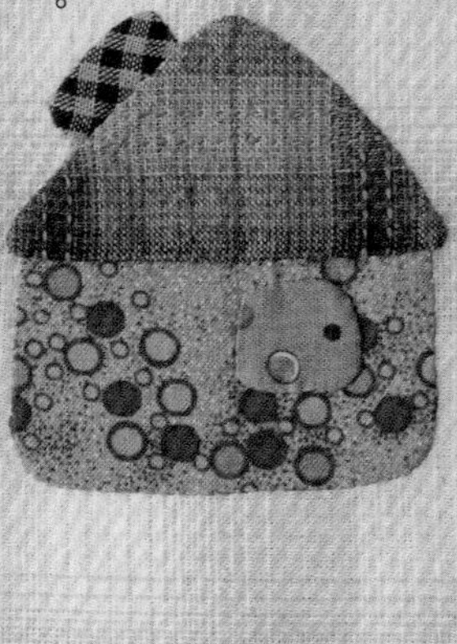

我喜歡
蝴蝶結髮帶，
配上浪漫的大捲髮，
作自己的小公主。

換上不同顏色的
蝴蝶結髮帶，
每一天都多彩多姿。

有時候，保持不變也很好。
喜歡的樣子，
自己最明白，
保持喜歡，喜歡就好。

note 1
我喜歡的，
幸福小事記

我的雪人友達，
不多不少，知心就好。

我喜歡雪人。
圓圓的身體，圓圓的臉。
像個牢靠的朋友，
是在冬天
為人們取暖的可愛存在。

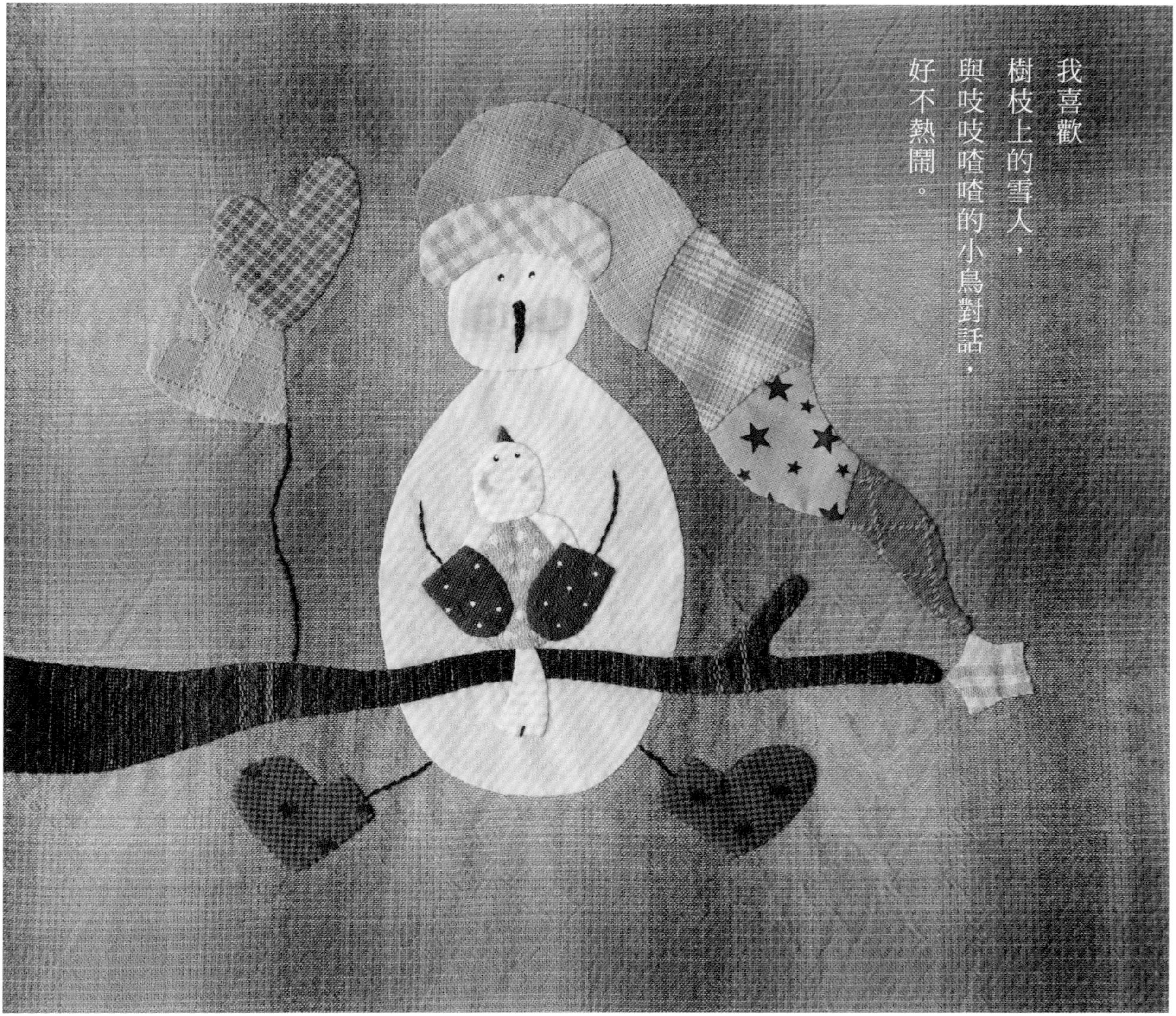

我喜歡
樹枝上的雪人，
與吱吱喳喳的小鳥對話，
好不熱鬧。

我喜歡
乘著翅膀的精靈雪人，
帶著小鳥一起放風箏。

在我的娃娃創作身旁，
經常都有雪人的存在，
像是我的手作好朋友。
你也試著，
找出專屬自己的那位吧！

我喜歡
頭戴毛線小花的雪人，
穿著紅色披風真迷人。

note 1

我喜歡的，幸福小事記

有心，日日都是好節日。

我喜歡
小魔女的造型，
內心調皮，
但是心地良善。

帶著有魔法的掃帚，
環遊世界，一整圈，
收藏創作的風景，
是小小夢想。

我喜歡
坐在彩色南瓜堆裡，
發呆，作夢，
消磨一整個
有陽光的下午。

我喜歡
在聖誕節交換禮物，
期待每一個小驚喜。

我喜歡
布置聖誕樹。
戴上耶誕帽，
就是今天的主角。

我喜歡買花。
在居家空間
擺上各式各樣的花，
讓每一天，
都宛若節日般精彩。

在家裡布置喜歡的物品，
是轉換心情的好方法。
每一天，
都是適合裝飾的好日子。

note 2

喜歡手作，喜歡生活。

以創作作為畫筆，
記下日常的喜歡，
貼布縫教會我的事，
是享受讓步調緩下來，
細心體會生活的美好。

貼布縫運用小技巧／P.76

SEIKOSHA

note 2

喜歡手作，
喜歡生活

愛上生活的儀式感，
都是因為喜歡手作。

運用市售的餐墊
進行貼布縫裝飾，
繡上喜愛的食物造型，
讓手作更有趣喲！

美好生活餐墊

HOW TO MAKEP.75

圖案→附錄圖案別冊P.15

THE SERVILE STATE
THE DISTRIBUTIVE

把喜歡旅行的心，
收進行李箱，
自由，如影隨形。

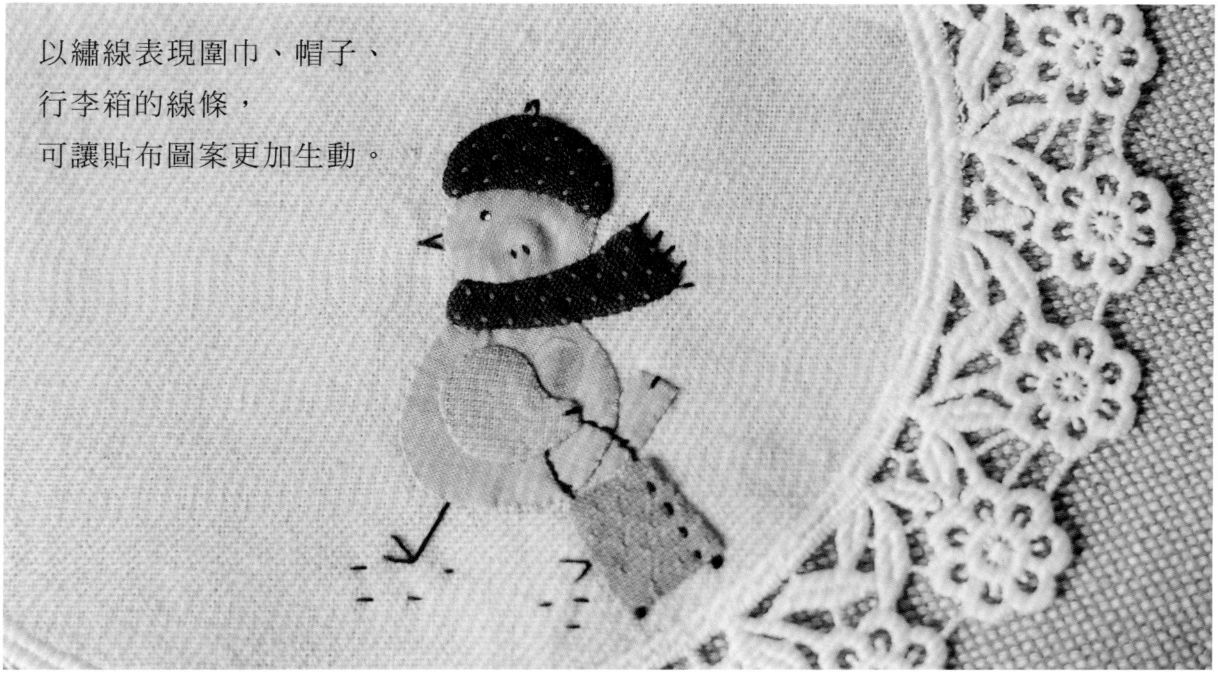

以繡線表現圍巾、帽子、
行李箱的線條，
可讓貼布圖案更加生動。

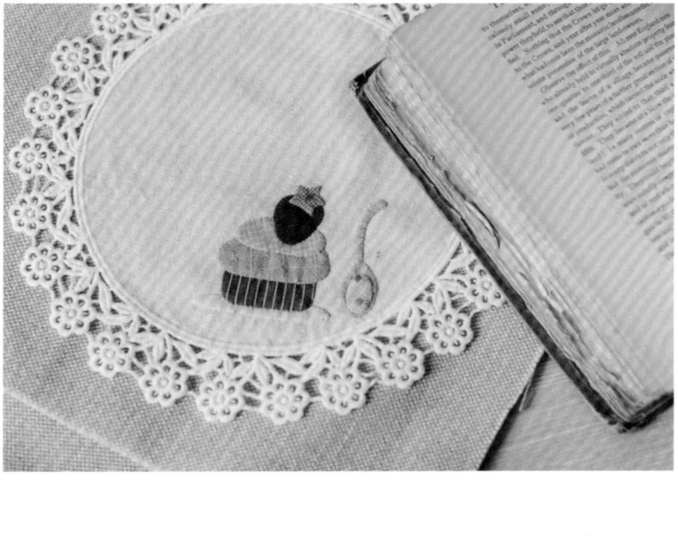

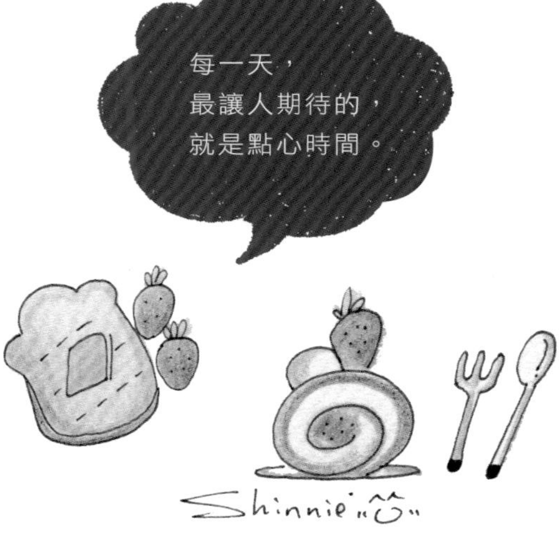
每一天，
最讓人期待的，
就是點心時間。
Shinnie

我愛貓咪口金包

HOW TO MAKE P.74

圖案＆紙型→附錄圖案別冊P.11

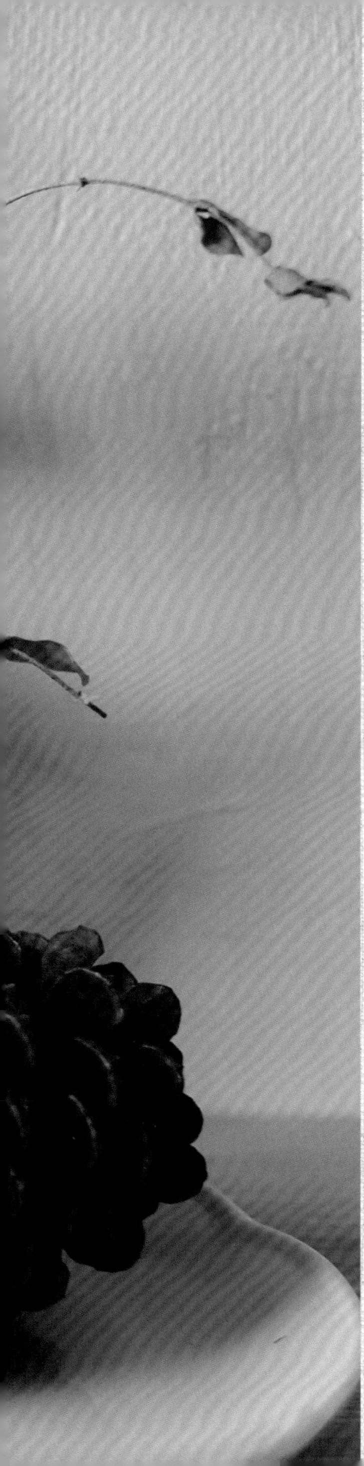

小貓咪的頸圈，可以運用鈴噹或是小木釦裝飾，增添貼布縫圖案的立體感。貓咪腳掌、咖啡杯的熱氣，則以繡線表現。使用自己喜歡的素材創作，打造貼布縫的手作樂趣。

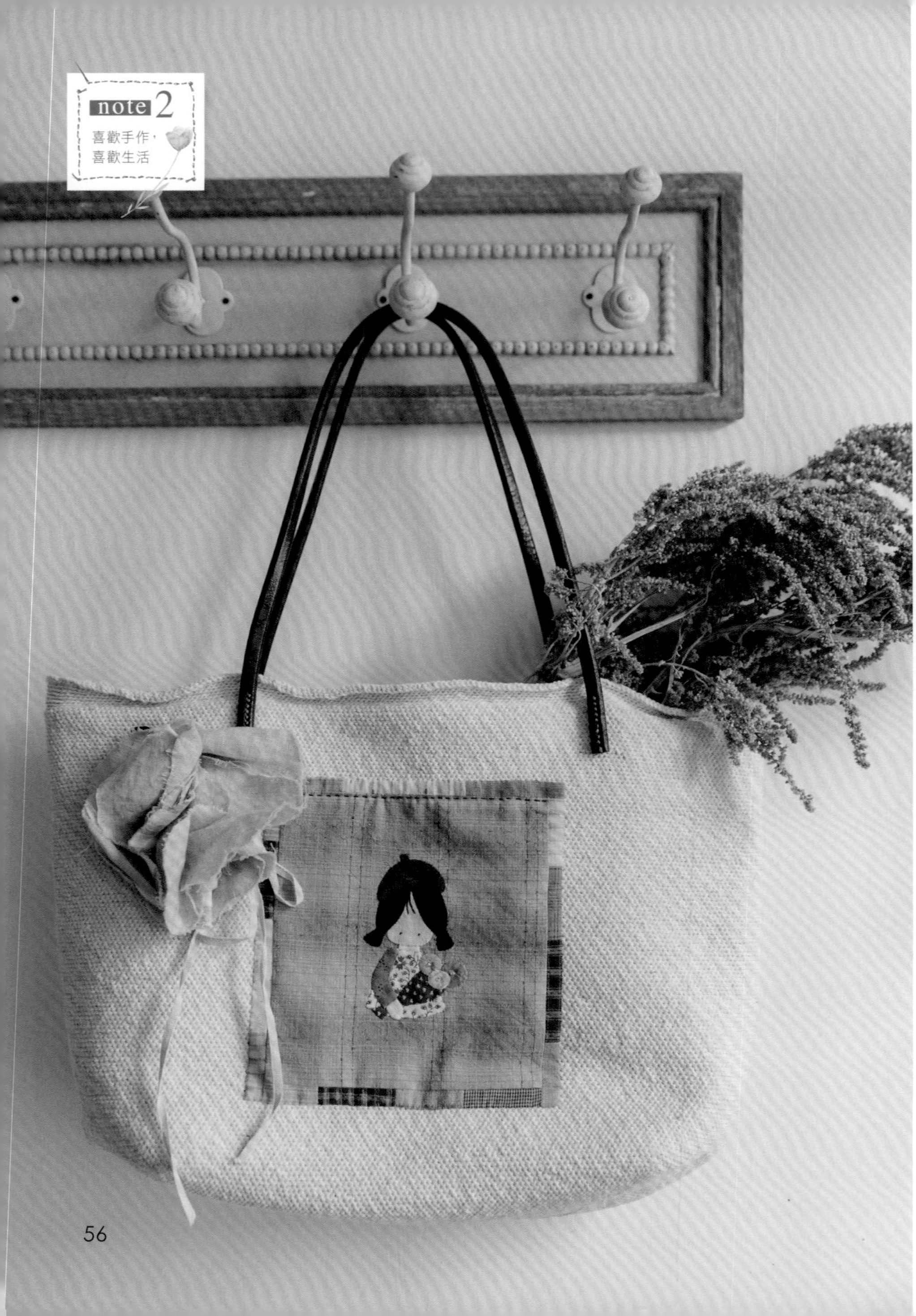
note 2
喜歡手作，
喜歡生活

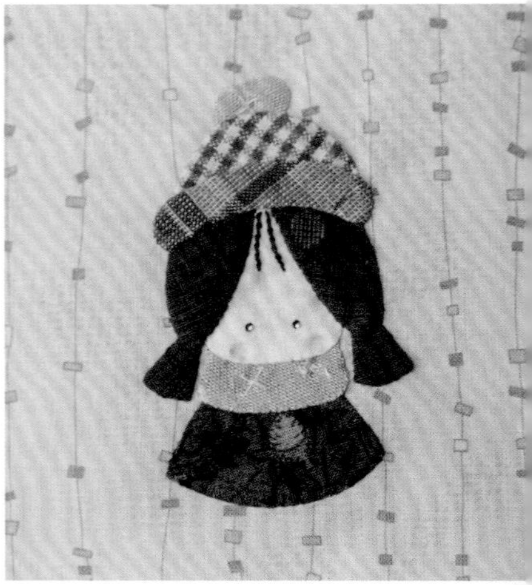

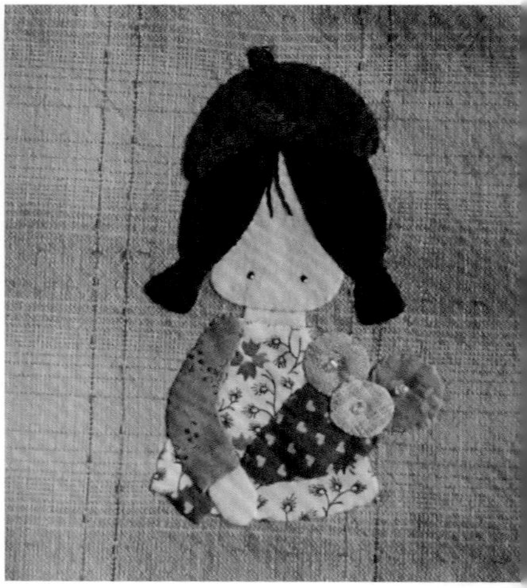

閃耀花束手作包

HOW TO MAKE P.75

圖案→附錄圖案別冊P.5

以繡線表現圍巾、帽子、行李箱的線條，可讓貼布圖案更加生動。

我很喜歡貝蕾帽，只要戴上，瞬間就有文青女孩的氣質感。依喜好的布紋和顏色，就能輕鬆變換帽子的顏色，非常好玩。在花束縫上小珠珠，作為花芯，立即成為時尚焦點。

烘焙小廚圍裙

HOW TO MAKE P.75

圖案→附錄圖案別冊P.17

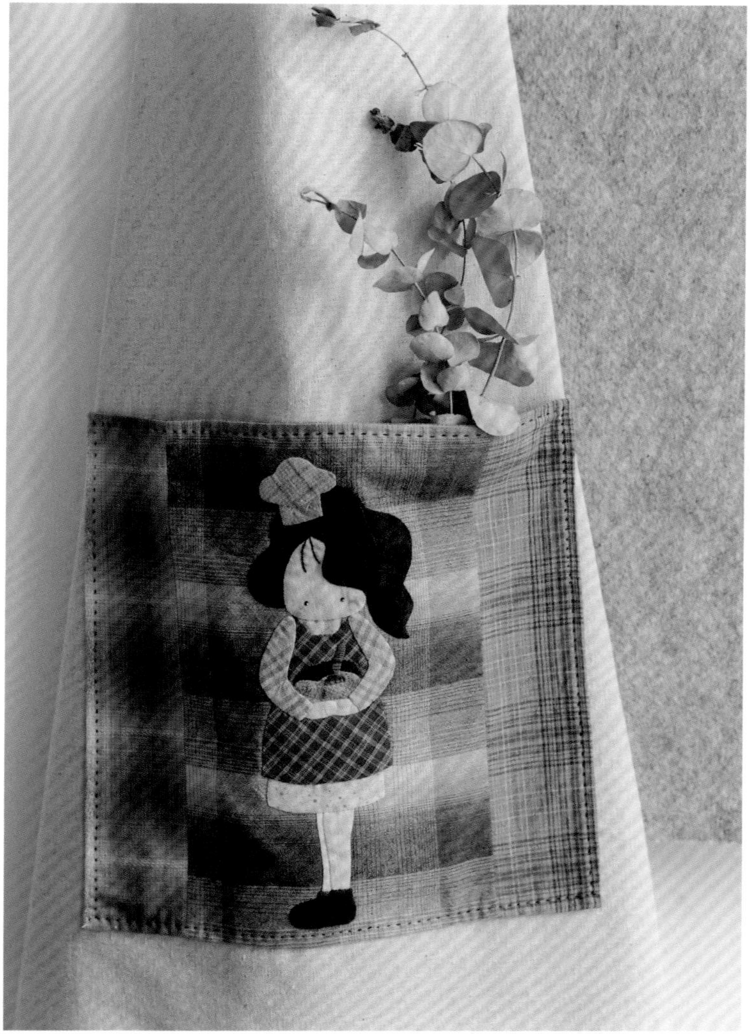

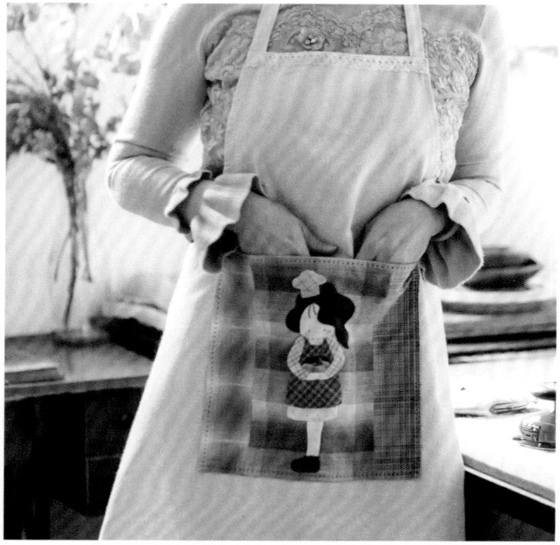

作家事的時候，也要讓自己美美的，為既有的圍裙，作個可愛的口袋吧！烹調的好心情，是食物更加美味可口的關鍵材料喲！

聖誕派對衣飾

HOW TO MAKE P.75
圖案→附錄圖案別冊P.13

只要是素麻布材質都很適合用於貼布縫，不妨找出衣櫃裡的素色衣物，動手試試，讓平凡的舊衣服也有煥然一新的可愛氣象。

帥氣公主繡框

HOW TO MAKE P.70-P.71

圖案→附錄圖案別冊P.7

許願樹方框

HOW TO MAKE P.72-P.73

圖案→附錄圖案別冊P.9

將作好的圖案，取現有的繡框或裝飾框裱框，就是一幅獨一無二的貼布畫，運用別冊裡的圖案們，就可以作出一系列自己的畫作喔！

note 3

貼布筆記

縫份小叮嚀

- 作法中用到的數字單位為 cm。
- 拼布作品的尺寸會因為布料種類、壓線的多寡、鋪棉厚度及縫製者的手感而略有不同。
- 貼布縫布片縫份約留尺寸：內摺縫份約留 0.3cm，重疊覆蓋縫份約留 0.5 ～ 0.8cm。
- 拼接布片縫份約留尺寸：0.7cm ～ 1.5cm（鋪棉作品因後製壓線作業，會導致表布尺寸縮小，所以外框縫份需約留 1.5cm，壓線完成後，再對合一次紙型，將組合縫份裁至 0.7cm ～ 1cm，視作品大小。）

基礎
縫法

平針縫
3出
1出
2入

回針縫
1出
3出
4入
2入

結粒繡
1出，
繞2至3圈
（依照想要的結粒大小決定）
2入

輪廓繡
3出
1出
2入

直線縫
2入
1出
3出

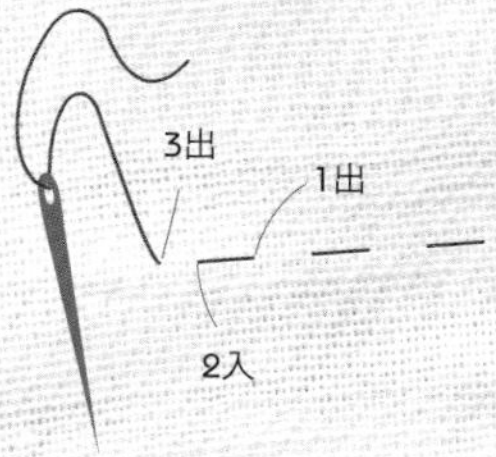

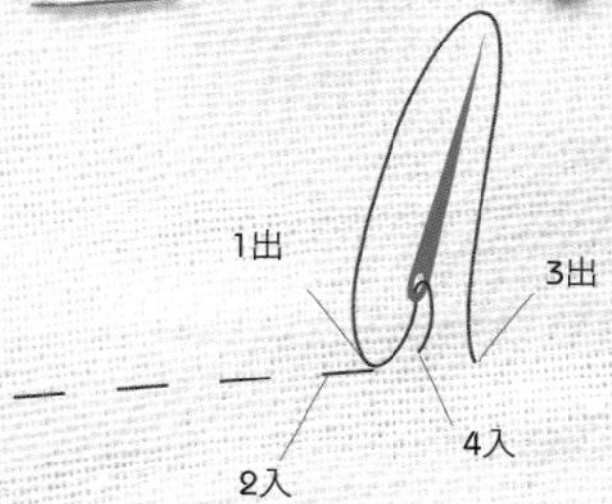

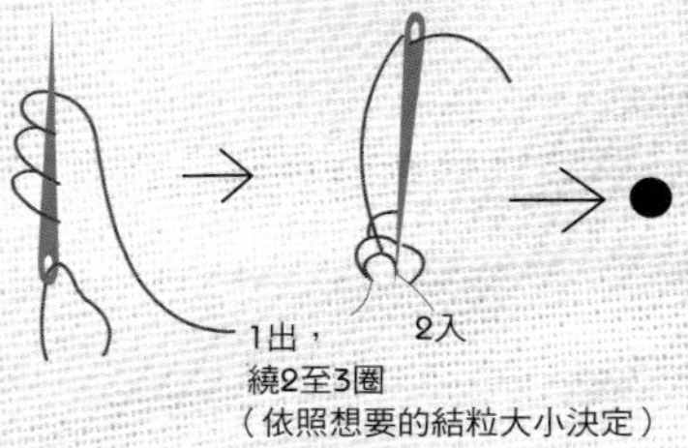

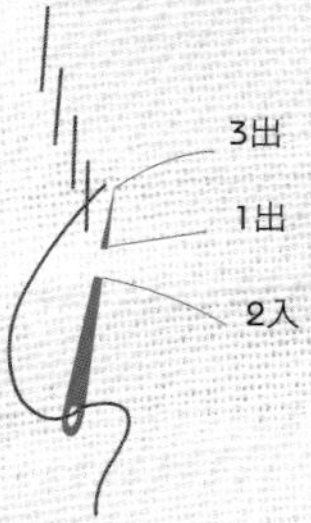

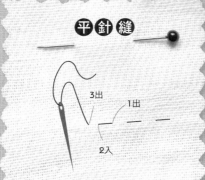

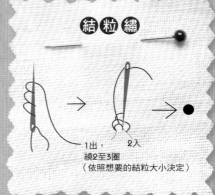

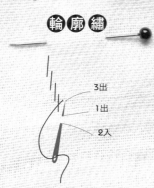

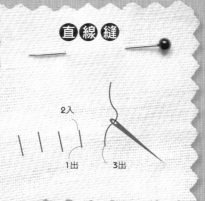

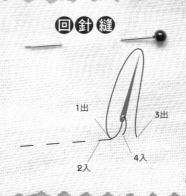

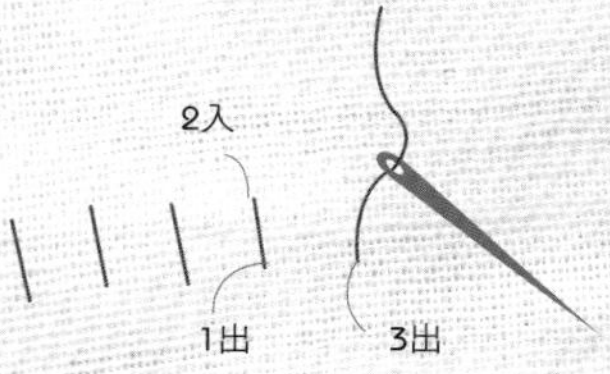

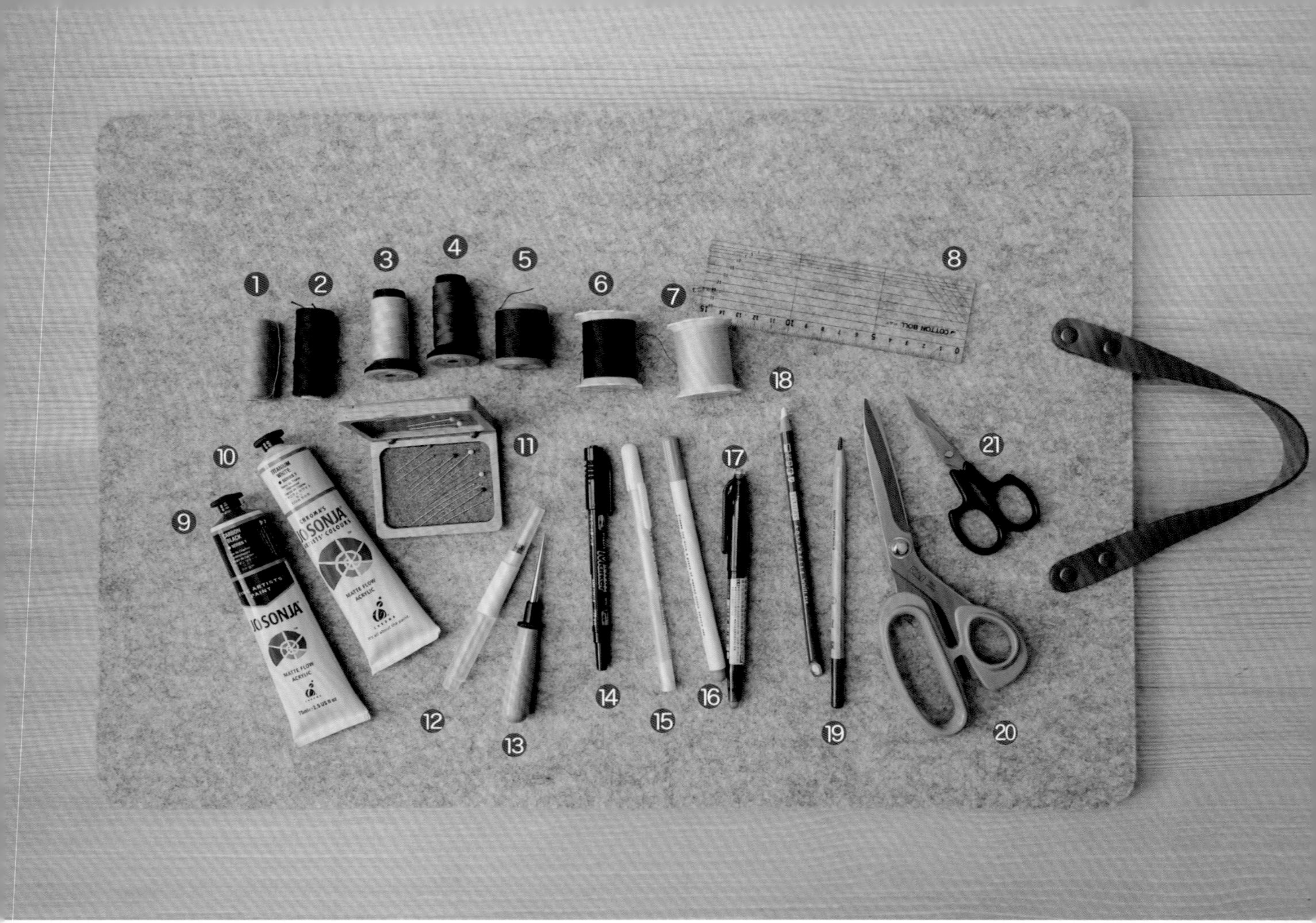

常用工具 & 材料

❶、❷ 繡線
❸、❹ 貼布線
❺ 皮革線（縫口金或提把用）
❻、❼ 壓縫線
❽ 縫份尺
❾、❿ 壓克力顏料（娃娃眼睛用）
⓫ 磁針盒
⓬ 水筆（消除記號線用）
⓭ 錐子（點娃娃眼睛）
⓮ 壓克力簽字筆（描繪型版用）
⓯、⓰ 白、藍水消記號線筆
⓱ 熱消筆
⓲ 白色（記號線）
⓳ 紅色色鉛筆（畫娃娃腮紅用）
⓴ 裁布剪刀
㉑ 小黑剪刀

note 3

貼布筆記

Shinnie的
基礎貼布縫小教室

將圖案以油性簽字筆描繪在塑膠板上，並將版型剪下。

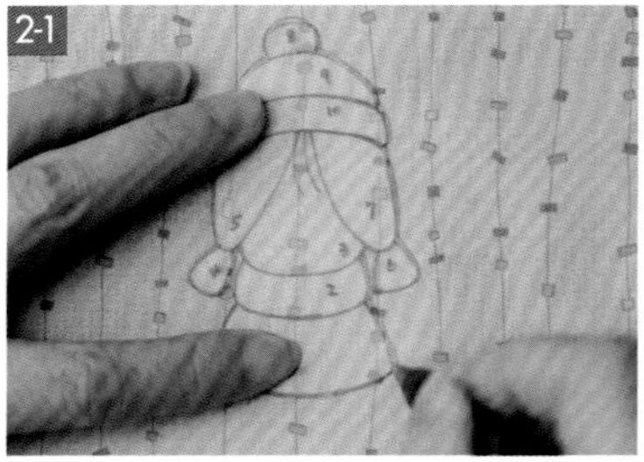

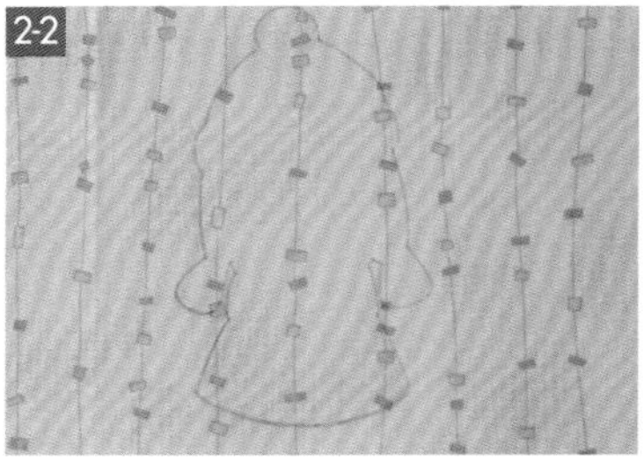

將剪下的版型以水消筆描繪在底布上。

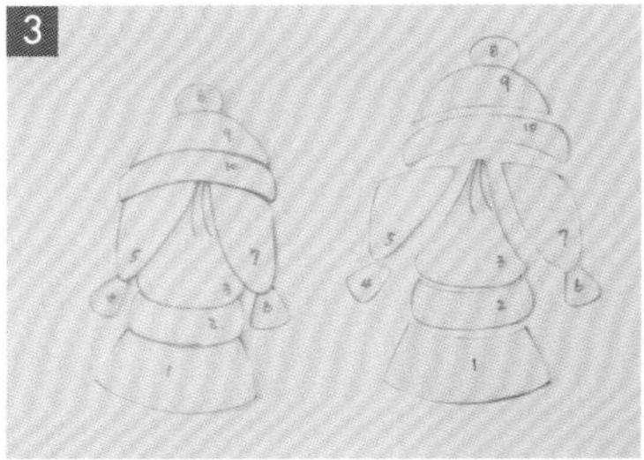

將版型一一剪開。

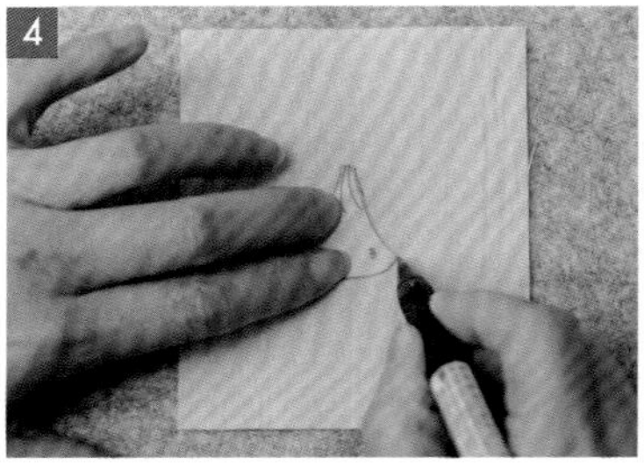

以水消筆將版型一一描繪在各色貼布布片上。

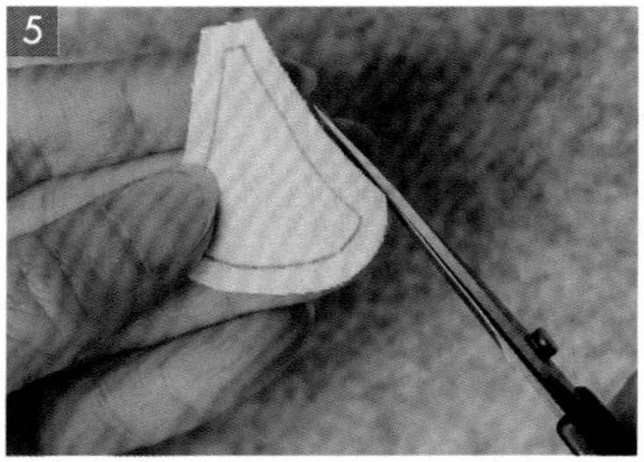

外框縫份預留 0.3cm，將各色貼布布片剪下。

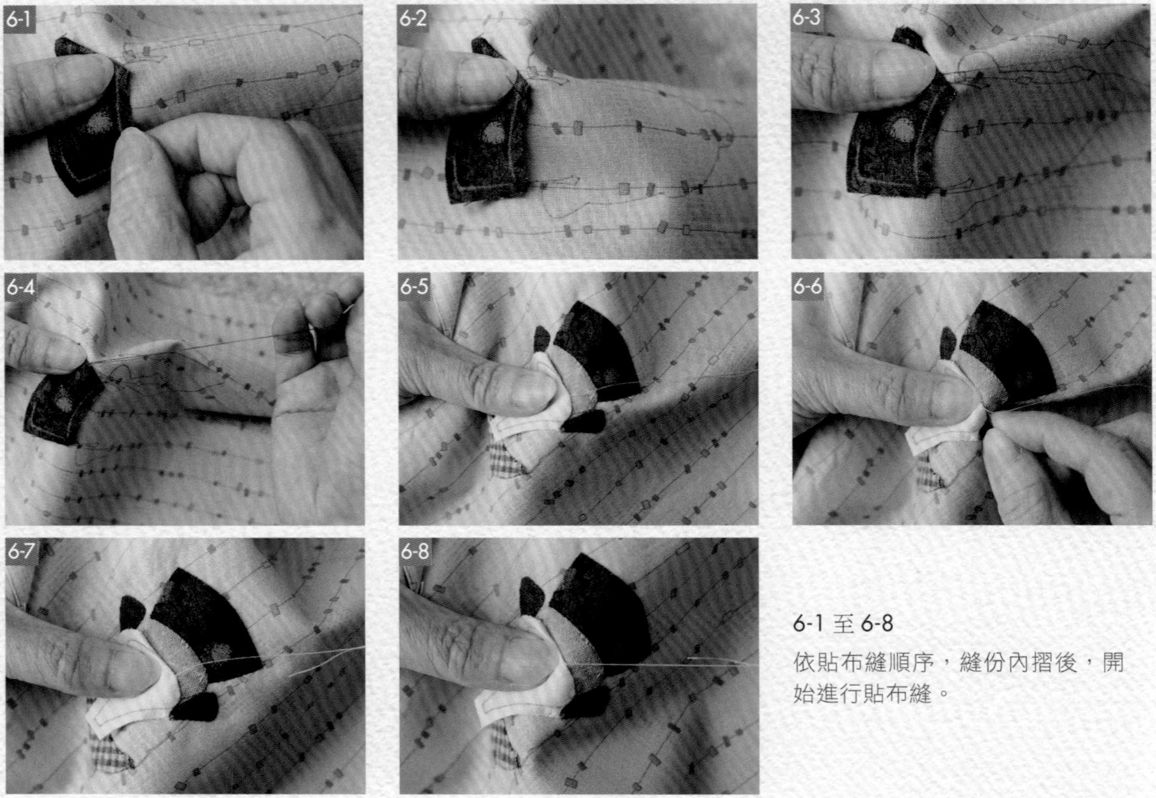

6-1 至 6-8

依貼布縫順序，縫份內摺後，開始進行貼布縫。

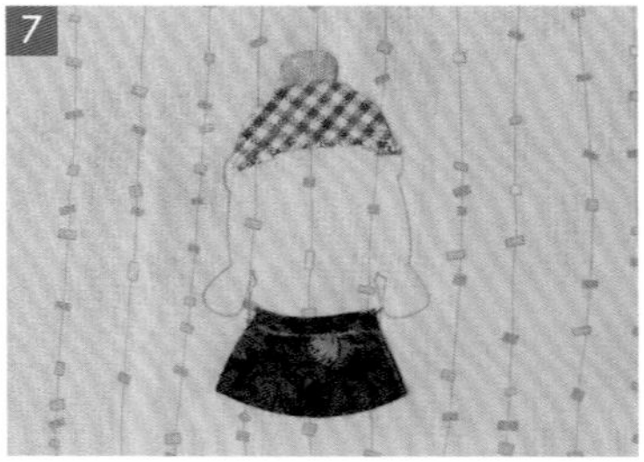

縫份不需內摺貼縫處，以平針縫固定。

貼布縫完成後，以水消筆畫出娃娃繡圖記號線。

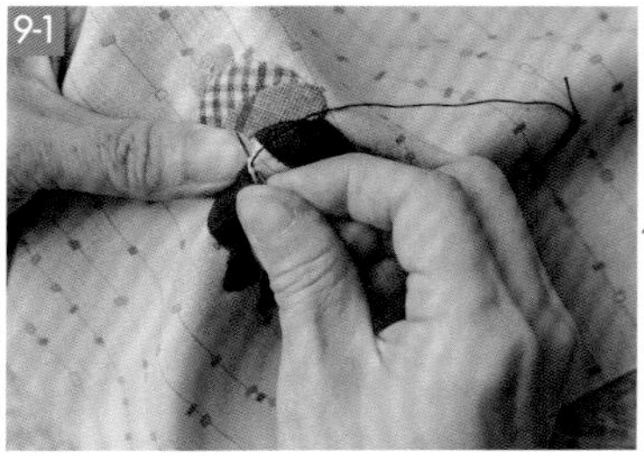

以回針縫縫法完成繡圖。

以錐子沾上黑色壓克力顏料，點上黑眼球。

沾上白色壓克力顏料，點上白眼球。

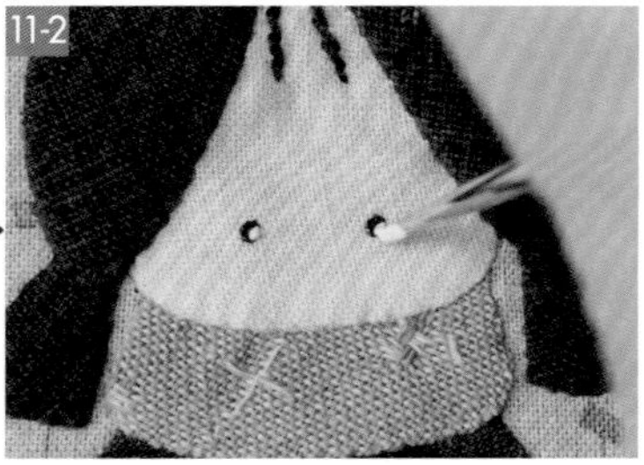

取紅色色鉛筆，將娃娃腮紅畫上。

貼布縫完成。

基礎框物製作方法—繡框

材料
橢圓繡框 1 個
底布 1 片（底布尺寸依框物尺寸決定，上下左右請預留 6 至 8cm）

how to make

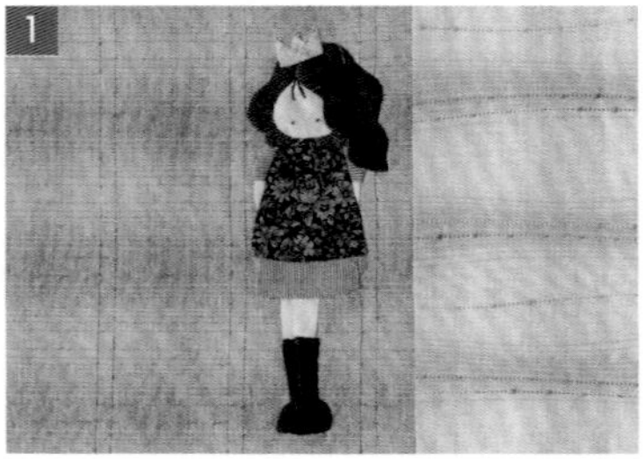

取一片完成貼布縫的表布。

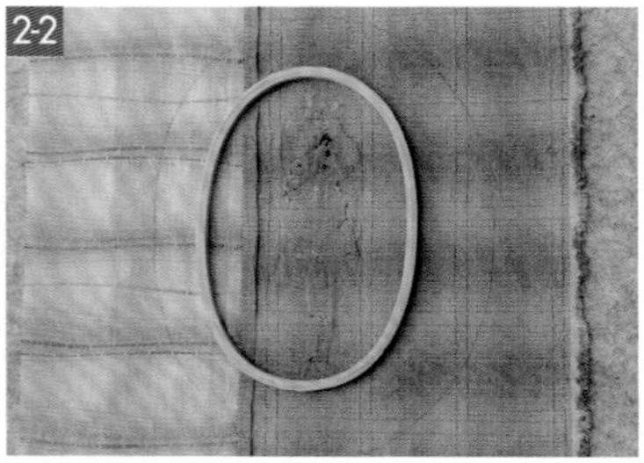

將繡框內框放在表布背面，沿框外圍畫上 3cm 縫份記號線。

將繡框外框放於表布正面。

鬆開繡框螺絲，將外框套入內框中。

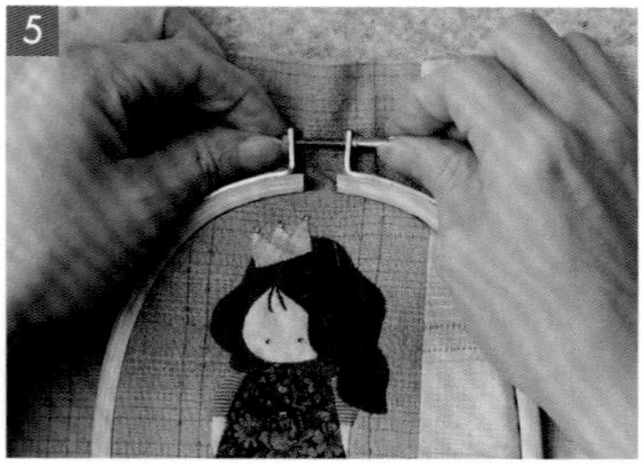

鎖緊繡框螺絲。

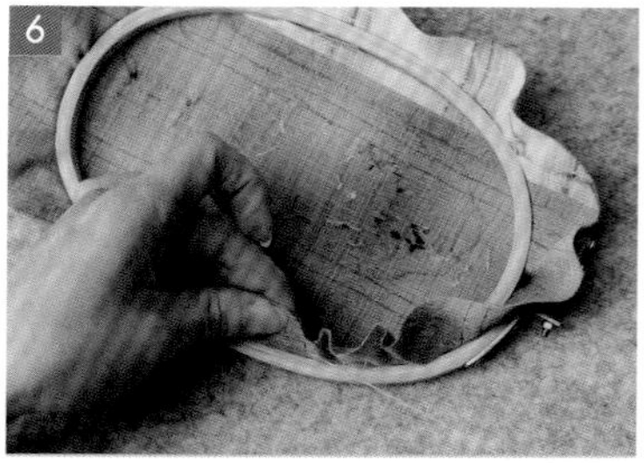

沿縫份記號線，剪掉多餘縫份。

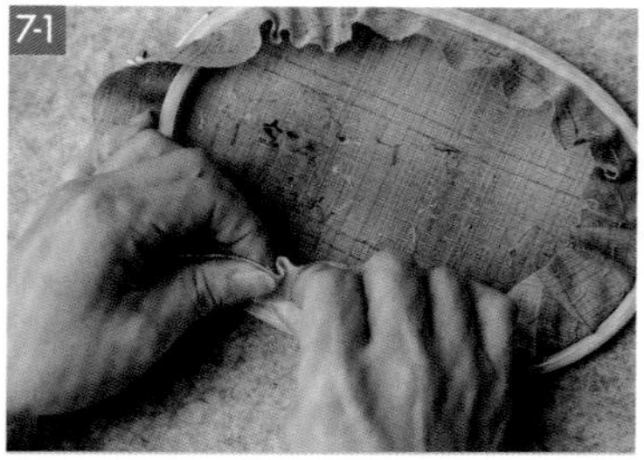

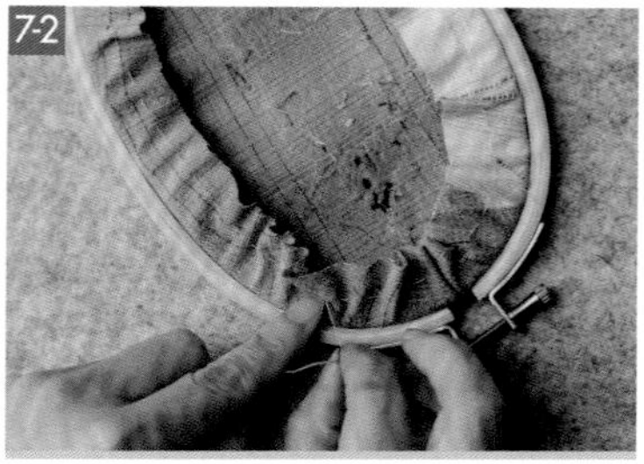

進行縮縫。

基礎框物作品完成。

基礎框物製作方法—方形木框

材料
木框 1 個
底布 1 片（底布尺寸依框物尺寸決定，上下左右請預留 6 至 8cm）

how to make

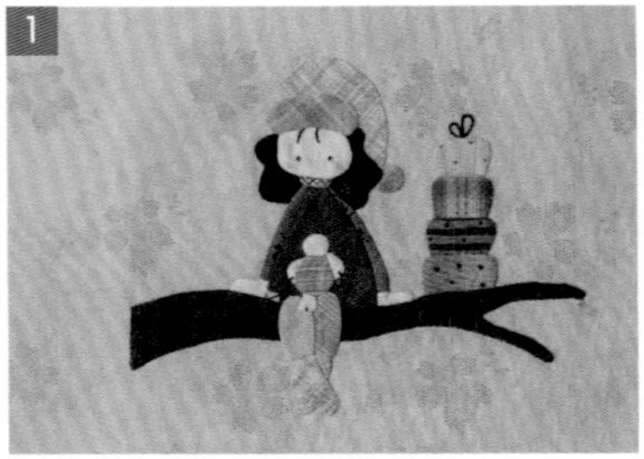

1 取一片完成貼布縫的表布。

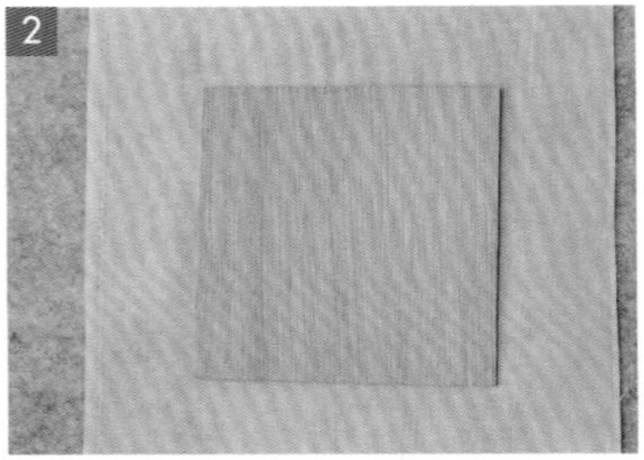

2 將後背木板放在表布背面中心位置。

3-1 以 Z 字型縫製方式固定縫份。

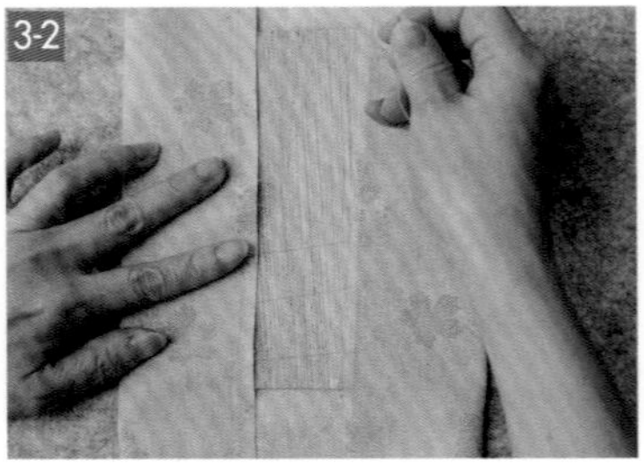

3-2

3-3

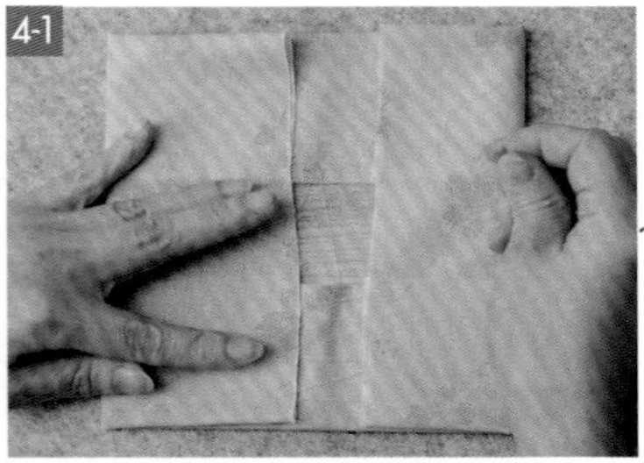

4-1 以 Z 字型縫製方式固定縫份。

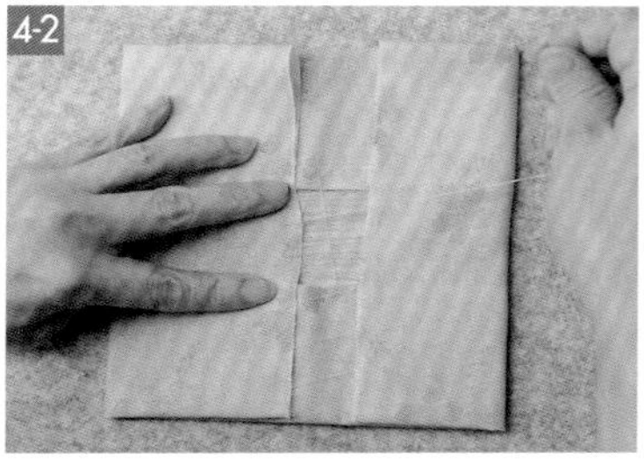

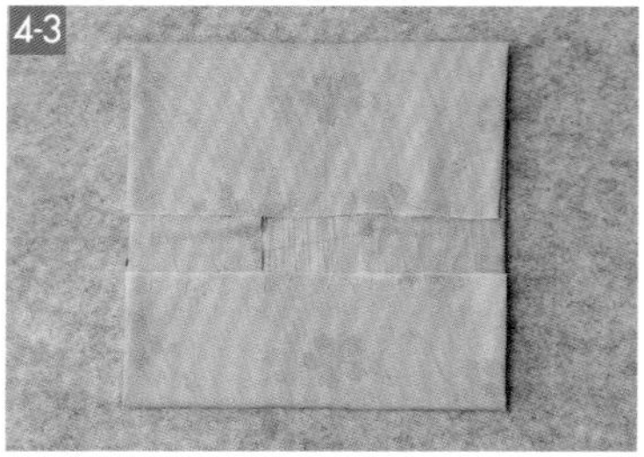

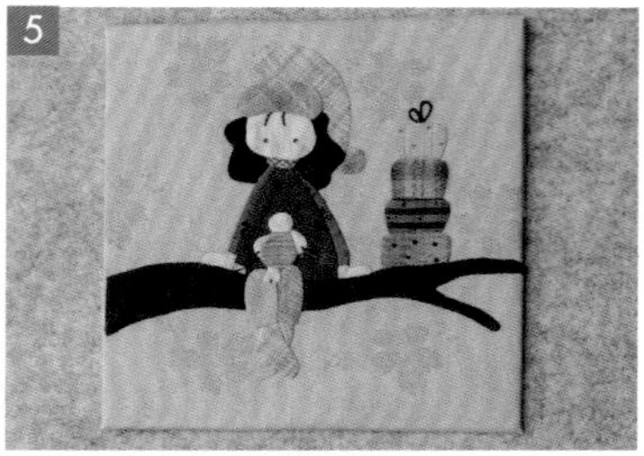

正面的樣子。

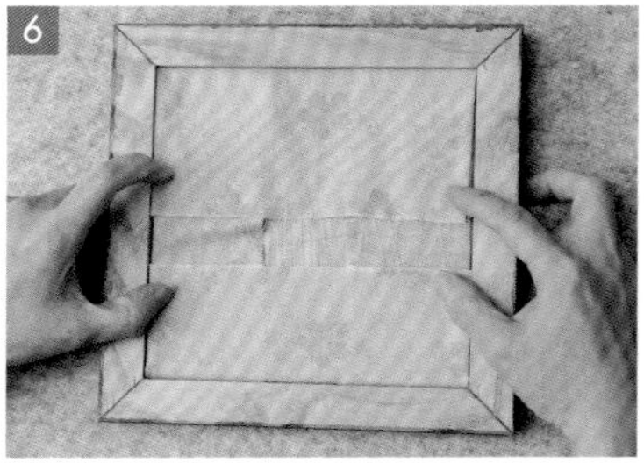

置入木框。

note 3
貼布筆記

Shinnie的
貼布縫運用小技巧

我愛貓咪口金包

紙型&圖案→附錄圖案別冊P.11
※附錄紙型為完成尺寸，縫份請外加。

材料

表布 1 片 (前、後片)
貼布配色布 3 片
鋪棉 1 片
胚布 1 片
裡布 1 片
布襯 1 片
10cm 口金
咖啡色繡線
裝飾釦 1 個

how to make

1 依紙型裁剪表布（前、後片同紙型）及各色貼布縫用布（縫份均要外加），再依圖示貼布縫順序完成表布貼布縫。

2 表布＋鋪棉（不含縫份）＋胚布三層壓線（前、後片單獨完成），貼布部分進行落針壓線，後背布壓線則依個人喜好（壓圓形或線條），前、後表布壓線完成後，依圖示完成繡圖及縫上造型釦。

3 依紙型裁剪裡布（前、後片相同紙型）及布襯（不留縫份），裡布燙上布襯。

4 將前片壓線完成的表布與燙上布襯的裡布正面相對，弧度開口縫合止點至止點，後片表布與裡布作法相同，修剪縫份，弧度部份剪牙口，攤開成一整片，前、後表袋正面相對組合袋身至止點，裡袋作法相同，正面相對組合袋身至止點，組合裡袋時，袋底需留 6cm 不縫合作為返口。

5 組合成袋後，袋身弧度部分需剪牙口，再從裡袋預留的返口將正面翻出，整燙後，將返口以藏針縫縫合，縫上口金即完成。

美好生活餐墊 圖案→附錄圖案別冊P.15

運用素材　棉麻材質餐墊

how to make

1 完成貼布縫圖案。

2 依圖示完成繡圖即完成。

烘焙小廚圍裙 圖案→附錄圖案別冊P.17

運用素材　市售圍裙

how to make

1 完成貼布縫圖案。

2 拼接布片。

3 裁剪裡布。

4 單邊燙襯。

5 表、裡布正面相對後縫合一圈，留 8cm 作為返口不縫合，從正面翻回後，縫合返口。

6 畫出口袋位置，以 0.2cm ⊔字型壓縫於圍裙口袋位置即完成。

閃耀花束手作包 圖案→附錄圖案別冊P.05

運用素材　手作棉麻包或市售提包

how to make

1 完成貼布縫圖案。

2 依個人設計及喜好拼接布片。

3 縫份 0.7cm 內摺後，以藏針縫固定於包包上。

Shinnie 貼布屋 01

Shinnie の貼布縫圖案集
我喜歡的幸福小事記

作　　者／Shinnie
發 行 人／詹慶和
執行編輯／黃璟安
編　　輯／蔡毓玲・劉蕙寧・陳姿伶
執行美編／陳麗娜
插畫繪製／Shinnie
文案設計／黃璟安
美術編輯／周盈汝・韓欣恬
攝　　影／MuseCat Photography 吳宇童
出 版 者／雅書堂文化事業有限公司
發 行 者／雅書堂文化事業有限公司
郵政劃撥帳號／18225950
戶　　名／雅書堂文化事業有限公司
地　　址／新北市板橋區板新路206號3樓
電　　話／(02)8952-4078
傳　　真／(02)8952-4084
網　　址／www.elegantbooks.com.tw
電子信箱／elegant.books@msa.hinet.net

2022 年 4 月初版一刷　定價 520 元

經　　銷／易可數位行銷股份有限公司
地　　址／新北市新店區寶橋路 235 巷 6 弄 3 號 5 樓
電　　話／（02）8911-0825
傳　　真／（02）8911-0801

國家圖書館出版品預行編目資料

Shinnie の貼布縫圖案集 : 我喜歡的幸福小事記 / Shinnie 著 . -- 初版 . -- 新北市 : 雅書堂文化事業有限公司 , 2022.04
　面；　公分 . -- (Shinnie 貼布屋 ; 1)
ISBN 978-986-302-619-8(平裝)

1.CST: 拼布藝術 2.CST: 手工藝

426.7　　111002683

陽鐘拼布飾品材料DIY
五倍券

Shinnieの貼布縫圖案集

我喜歡的幸福小事記

Shinnieの貼布縫圖案集

我喜歡的幸福小事記

Shinnieの貼布縫圖案集

我喜歡的幸福小事記

Shinnieの貼布縫圖案集

我喜歡的幸福小事記

Shinnieの貼布縫圖案集

我喜歡的幸福小事記

Shinnieの貼布縫圖案集

我喜歡的幸福小事記

圖案附錄別冊

Shinnie`s Happiness Notes

Shinnieの貼布縫圖案集

我喜歡的幸福小事記

圖案附錄別冊

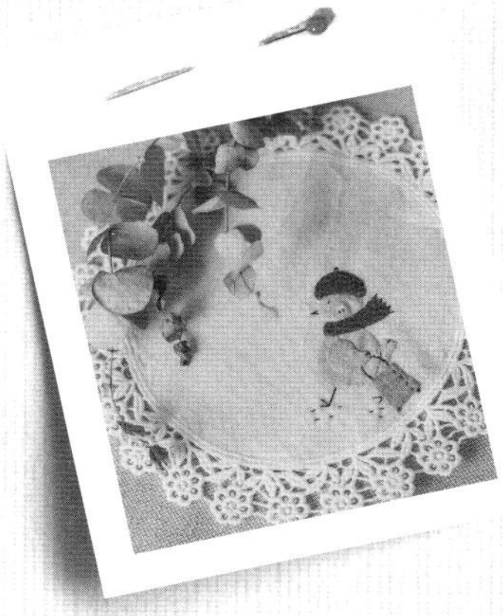

圖案附錄別冊使用說明

1. 請選擇欲製作的作品，自行縮放影印所需的尺寸描圖使用。
2. 圖案上的標記數字，為貼布縫的順序說明。
3. 裁剪各色貼布布片時，縫份請外加0.3cm。
4. 圖案標示繡圖處，建議使用雙股咖啡色繡線或參考全彩本作品依個人喜好選色完成繡圖。
5. 基礎貼布縫作法、娃娃眼睛與腮紅上色，請參考全彩本P.67-P.69步驟說明。

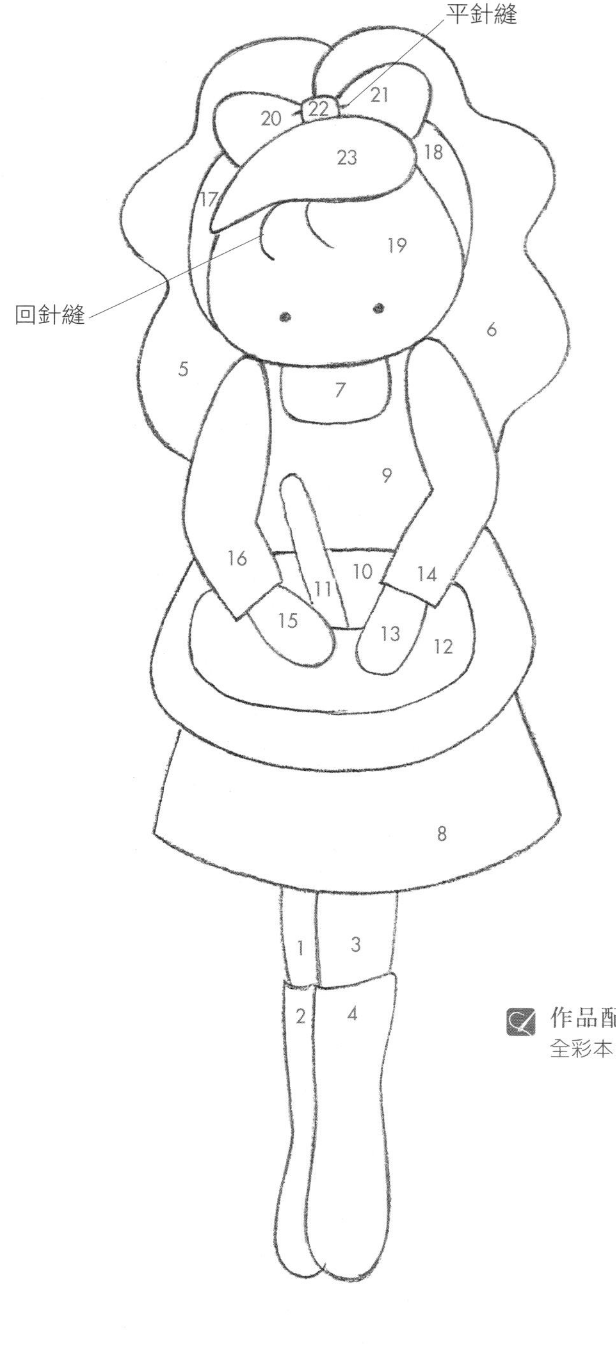

作品配色範例
全彩本內頁P.19

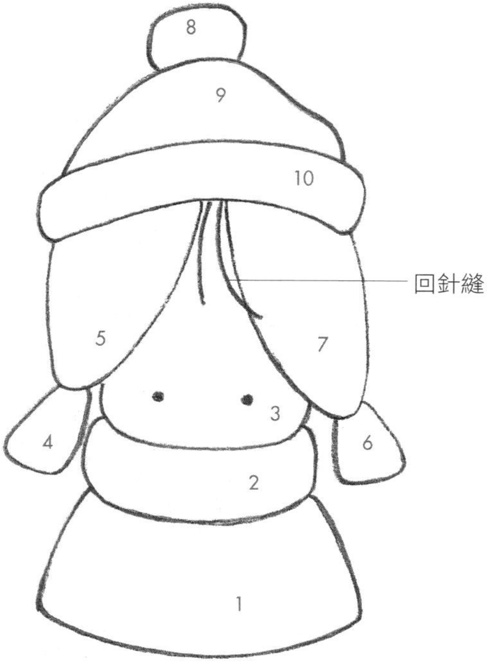

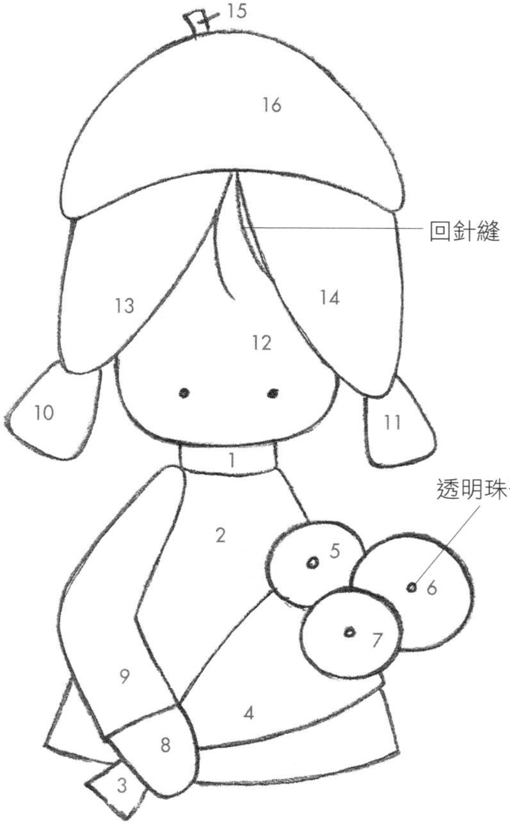

作品配色範例
全彩本內頁P.56

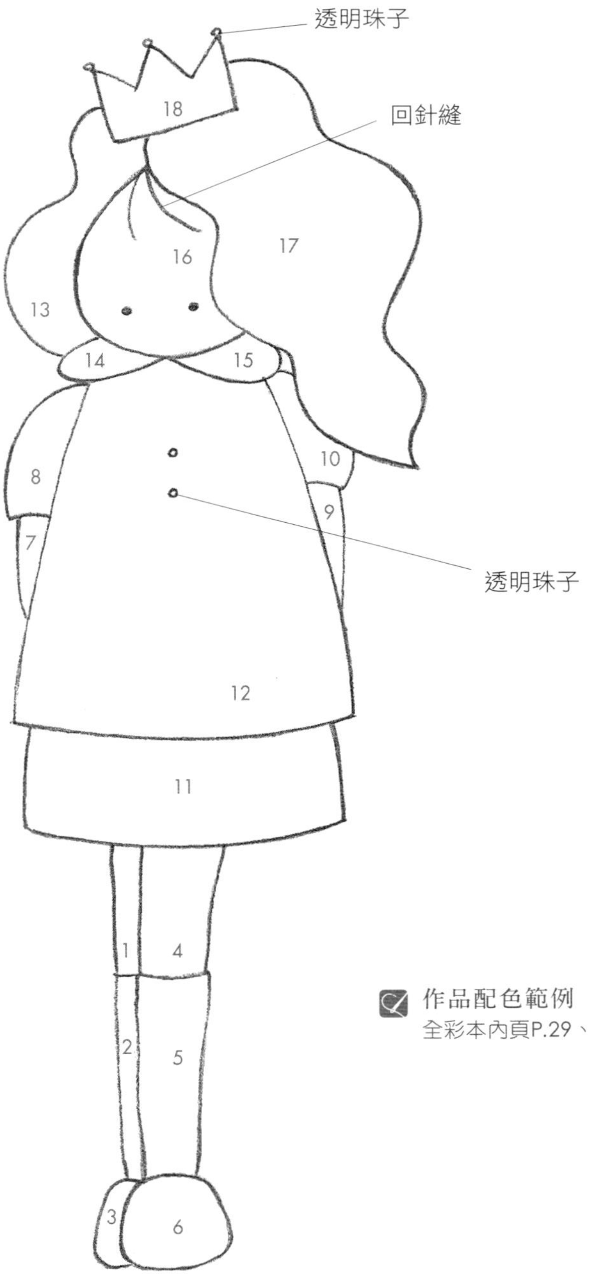

作品配色範例
全彩本內頁P.29、P.62

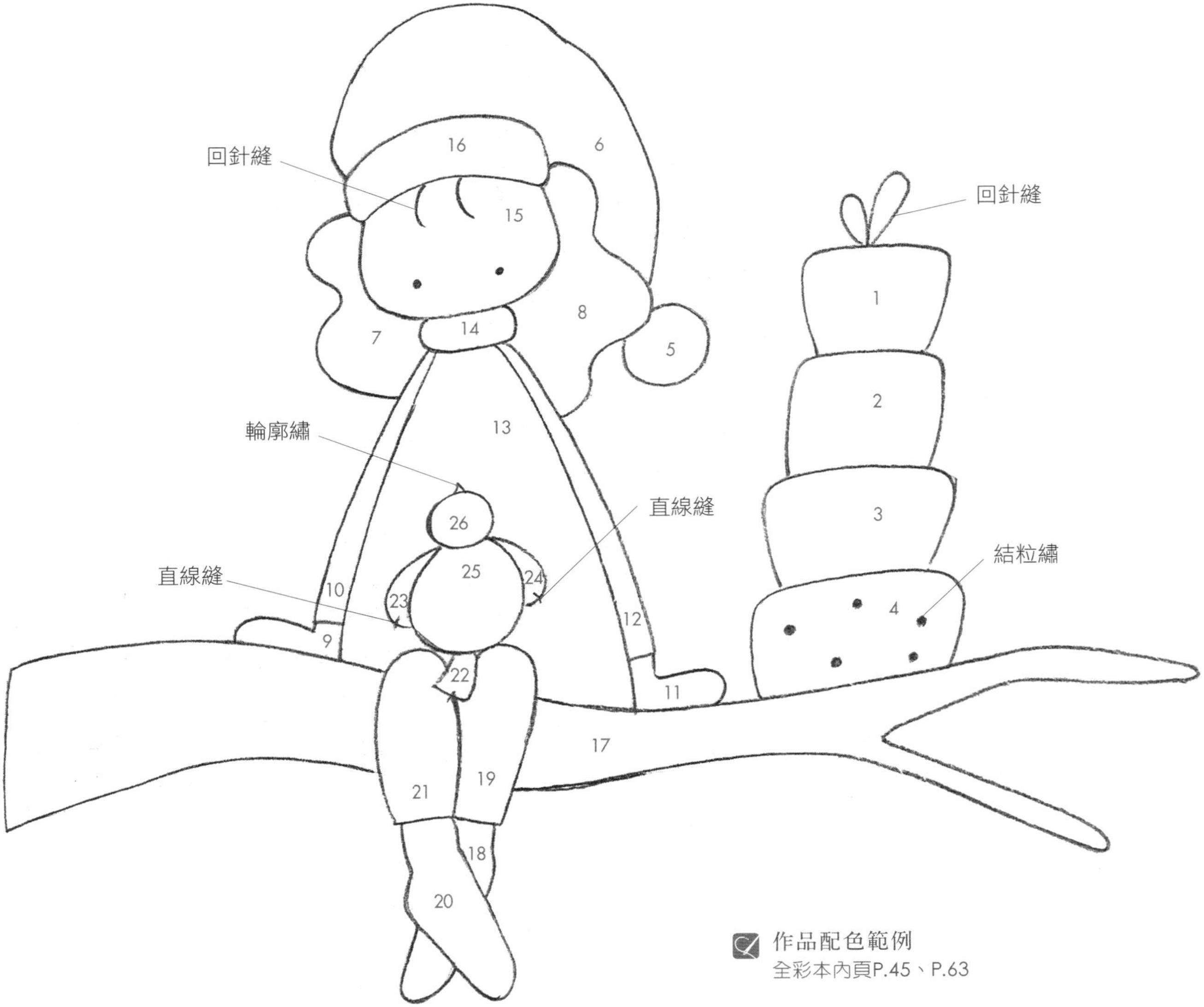

作品配色範例

全彩本內頁P.45、P.63

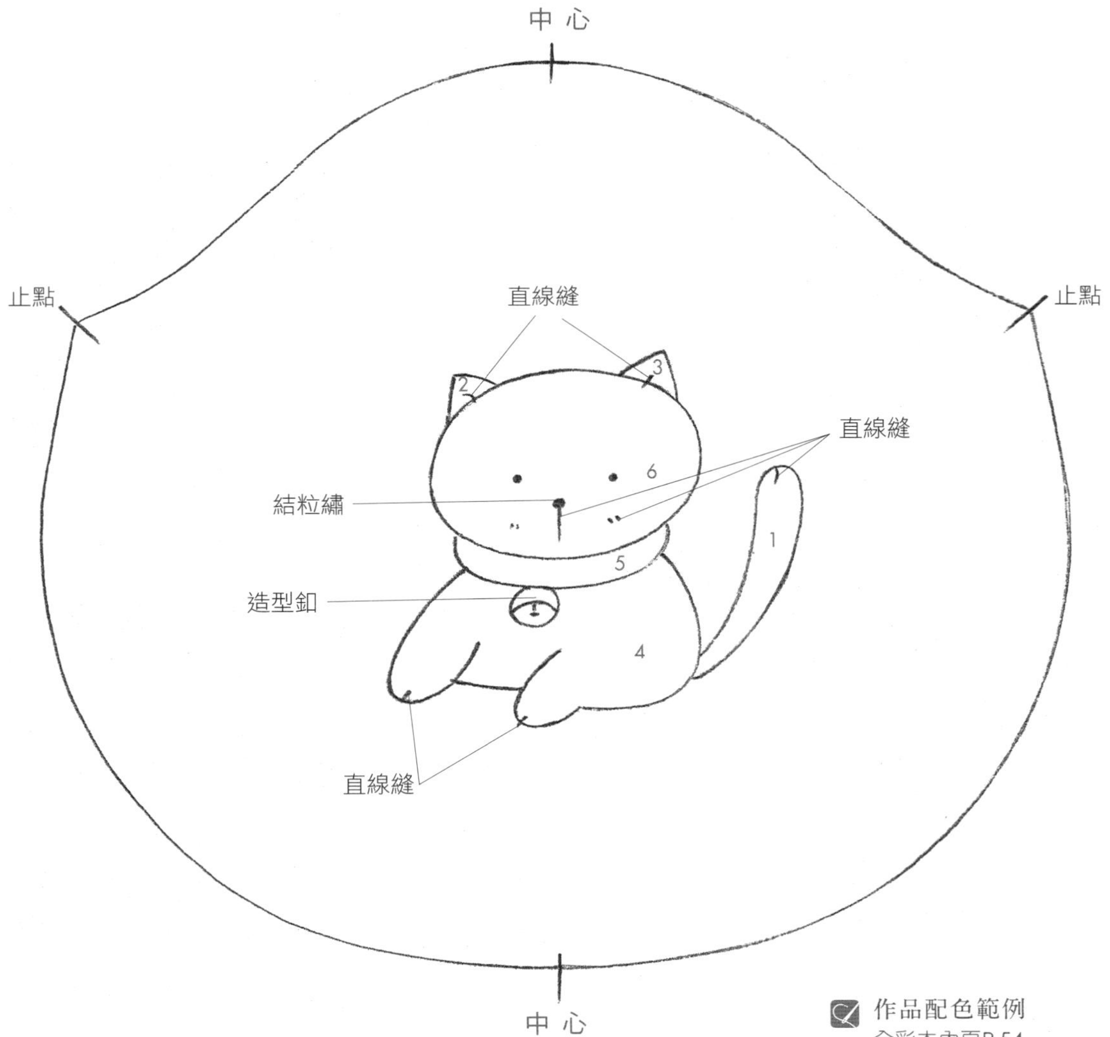

作品配色範例
全彩本內頁P.54

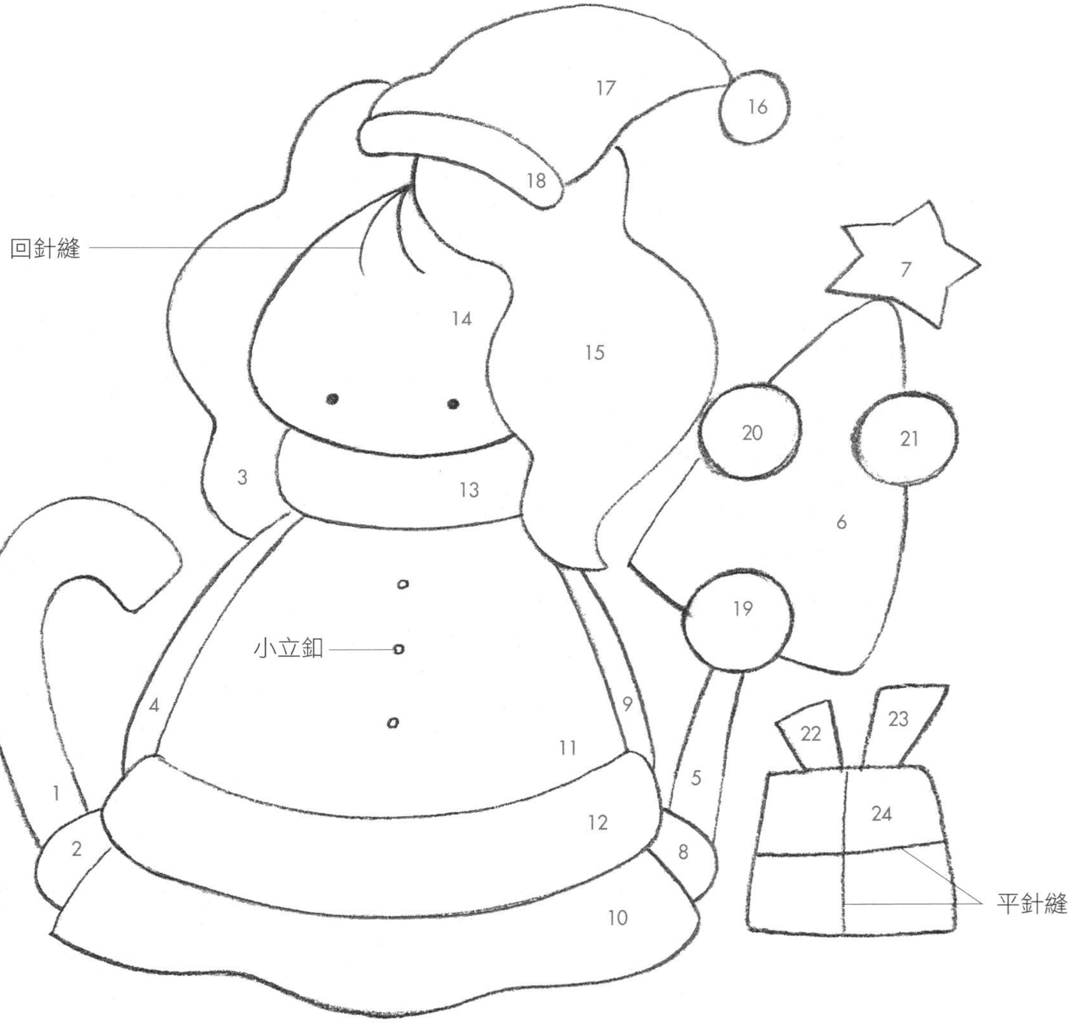

作品配色範例
全彩本內頁P.60

輪廓繡
6
5
輪廓繡
直線縫
7
作品配色範例
全彩本內頁P.52
3
直線縫
2
4
回針縫
平針縫
1
平針縫
直線縫
結粒繡
6
5
4
7
3
8
2
1
作品配色範例
全彩本內頁P.53

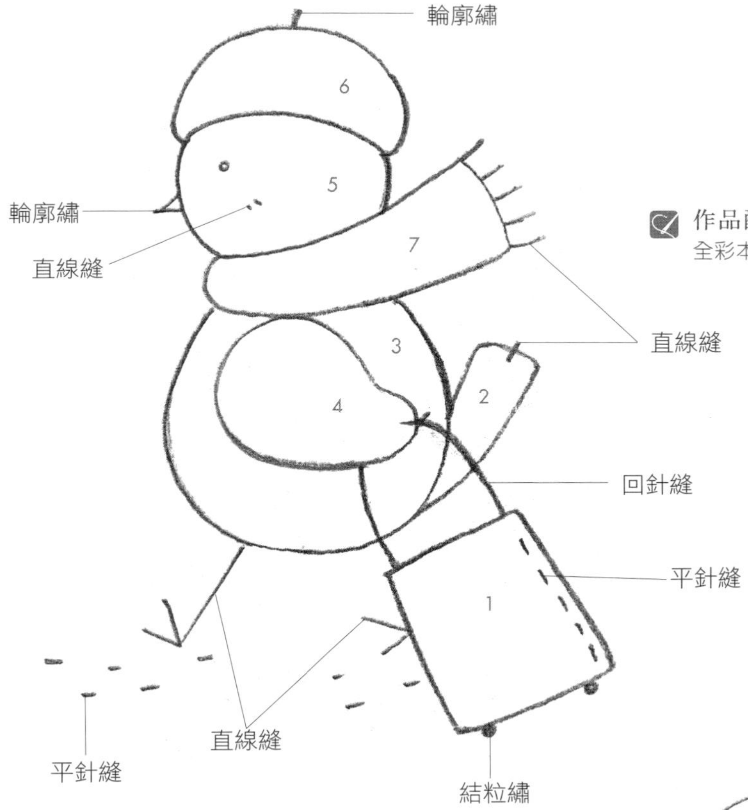

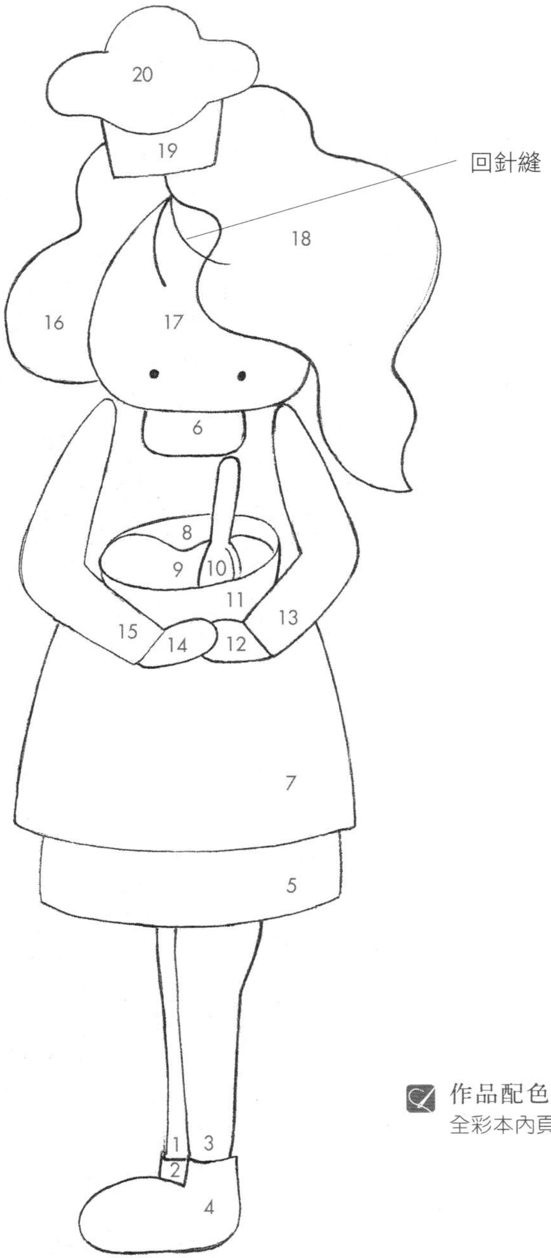

作品配色範例
全彩本內頁P.58

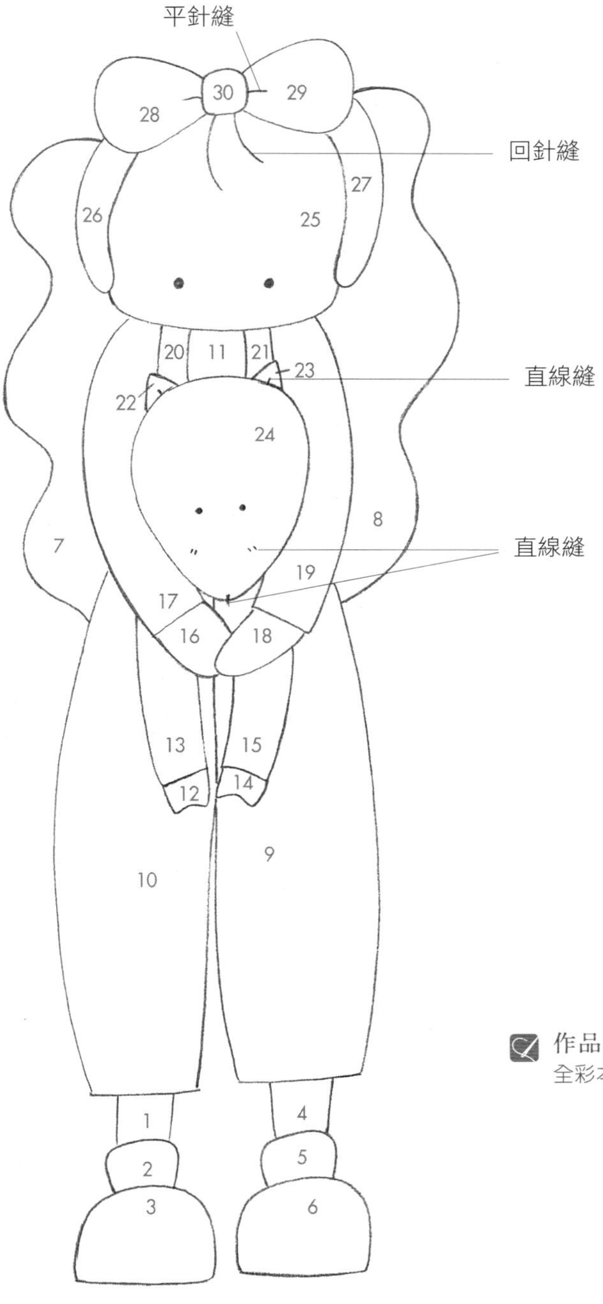

作品配色範例
全彩本內頁P.16

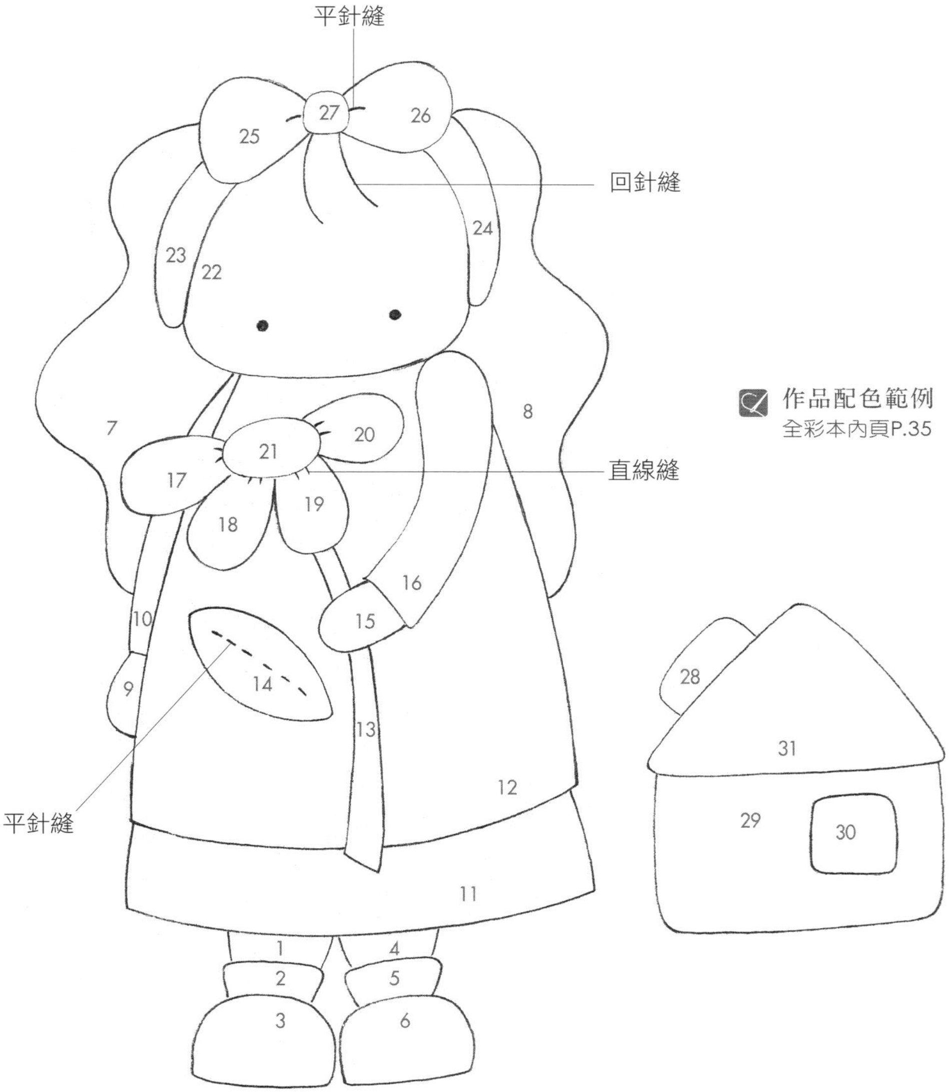

作品配色範例
全彩本內頁P.35

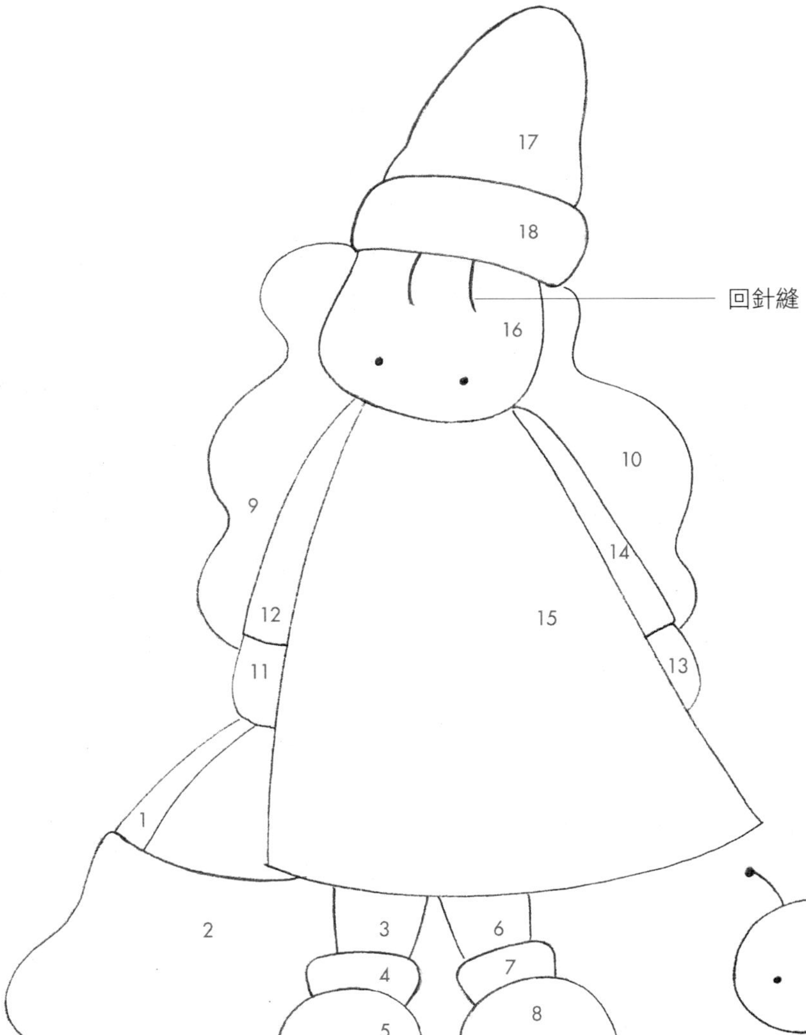

作品配色範例
全彩本內頁P.24

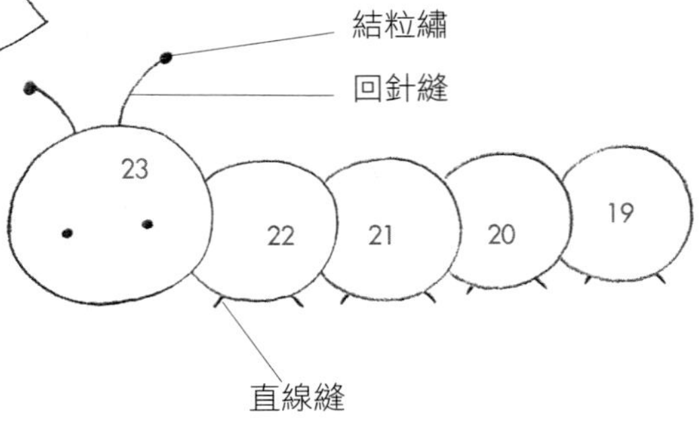

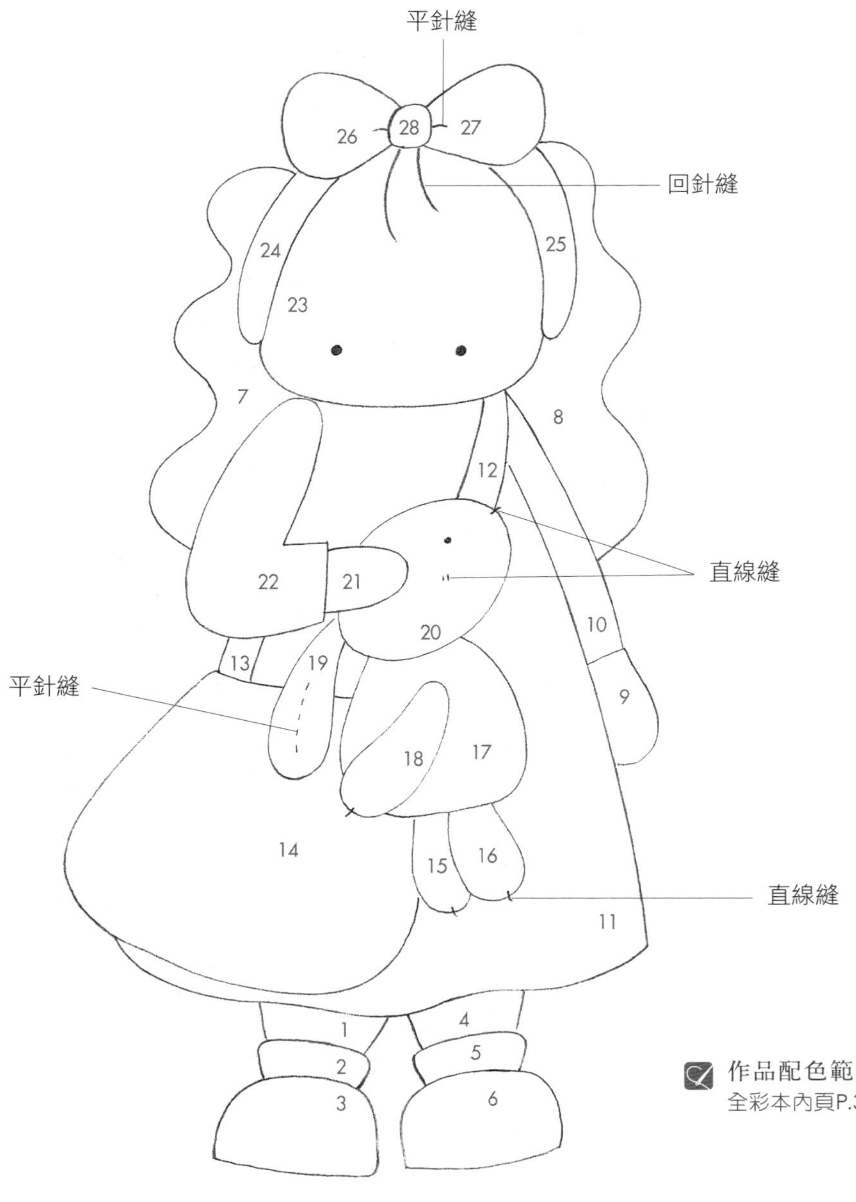

作品配色範例
全彩本內頁P.36

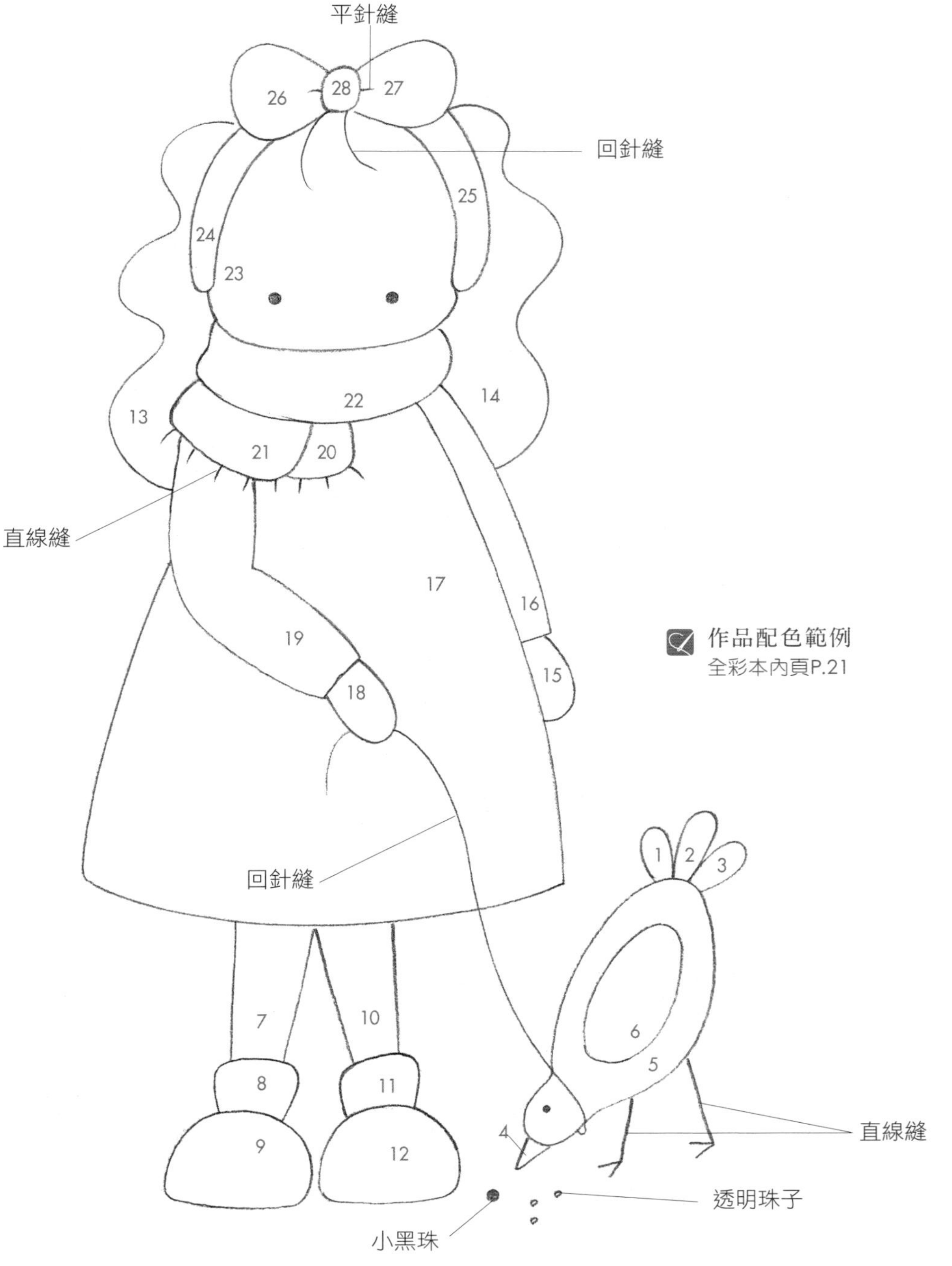

作品配色範例
全彩本內頁P.21

作品配色範例
全彩本內頁P.43
30
31
32
31
29
33
回針縫
26
直線縫
28
25
4
27
24
23
1
5
6
22
21
9
7
20
8
10
17
11
19
3
16
2
12
13
15
14
18
12
平針縫
直線縫

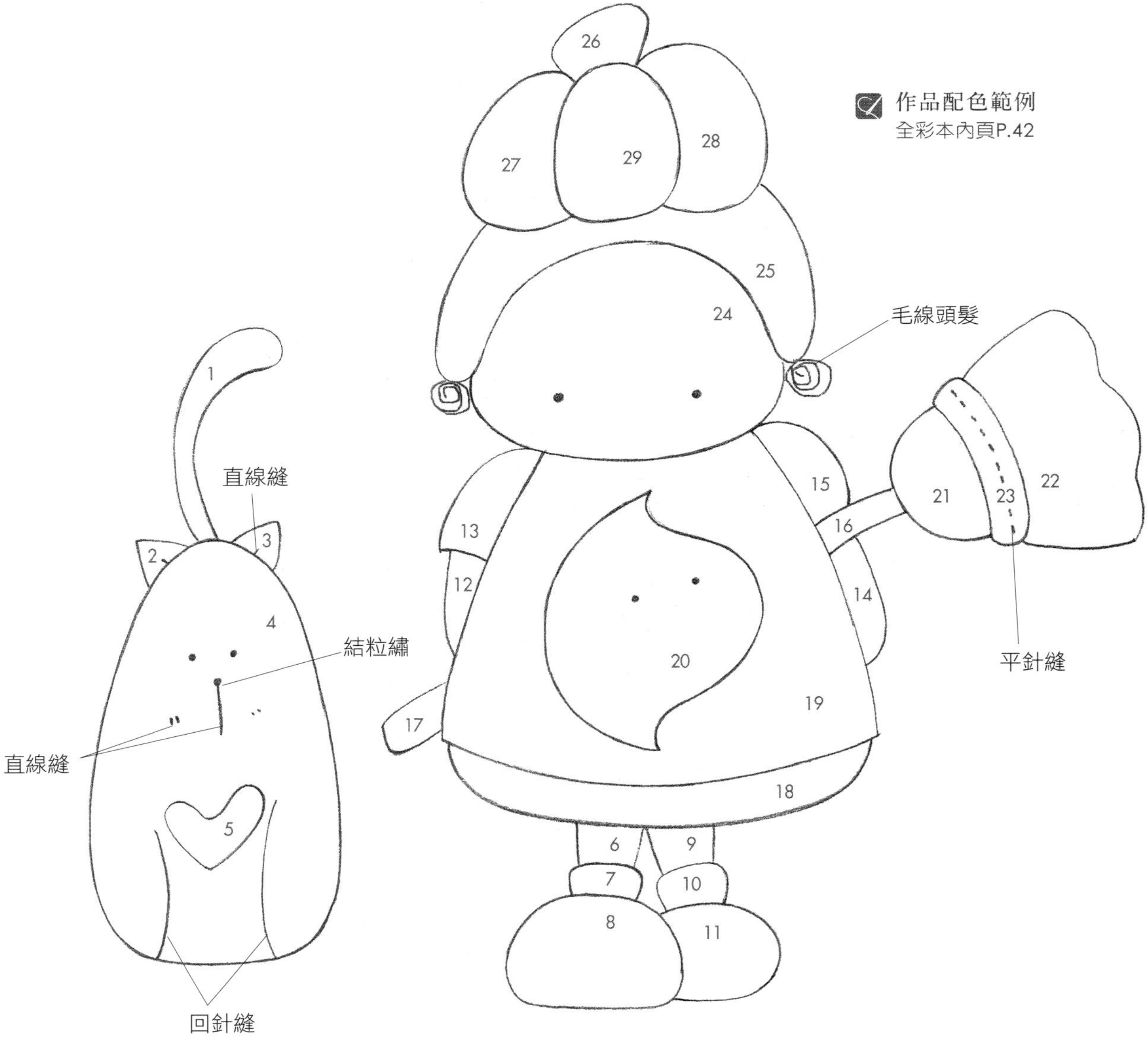
作品配色範例
全彩本內頁P.42
26
27
29
28
25
24
毛線頭髮
1
直線縫
3
2
4
結粒繡
直線縫
5
回針縫
15
13
12
14
16
21
23
22
平針縫
20
19
17
18
6
9
7
10
8
11

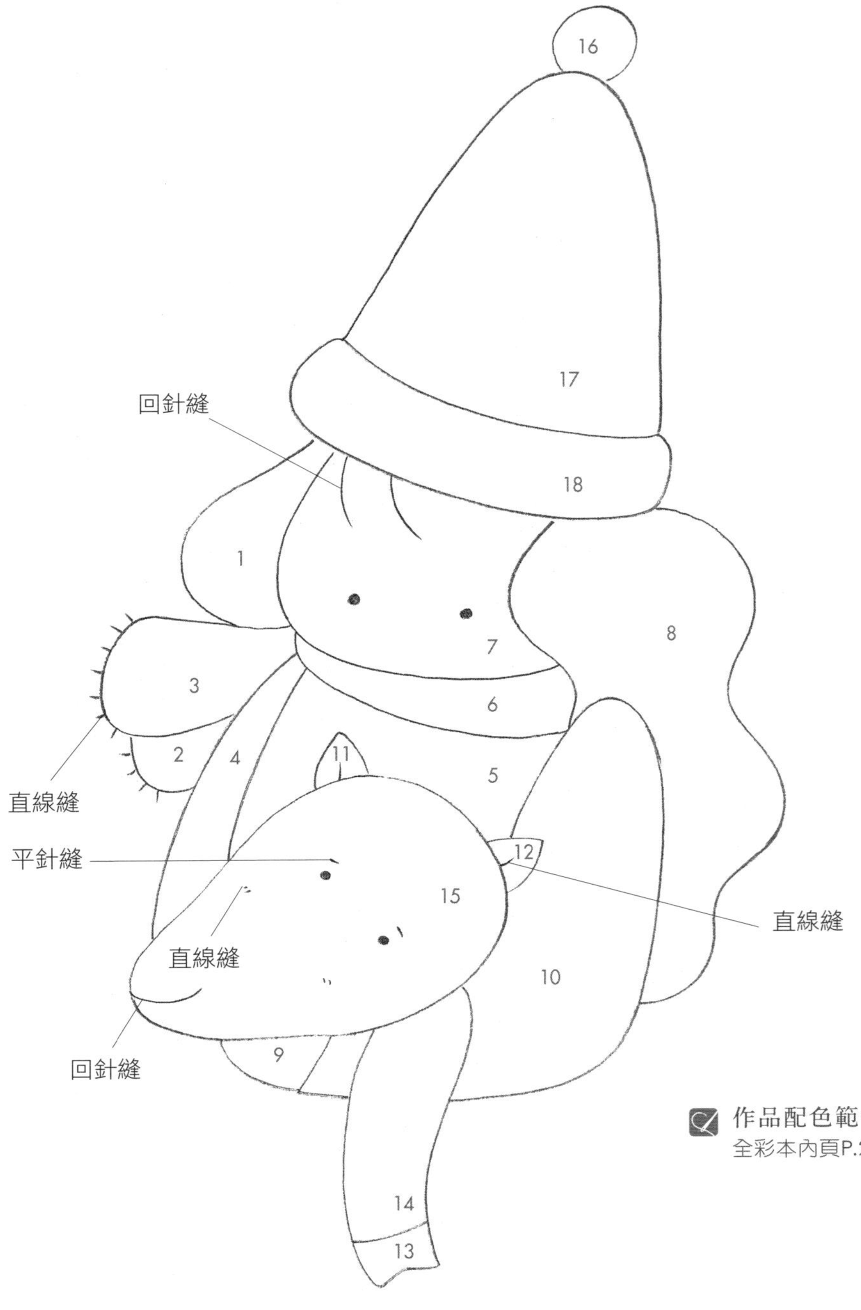

作品配色範例
全彩本內頁P.25

作品配色範例

全彩本內頁P.37

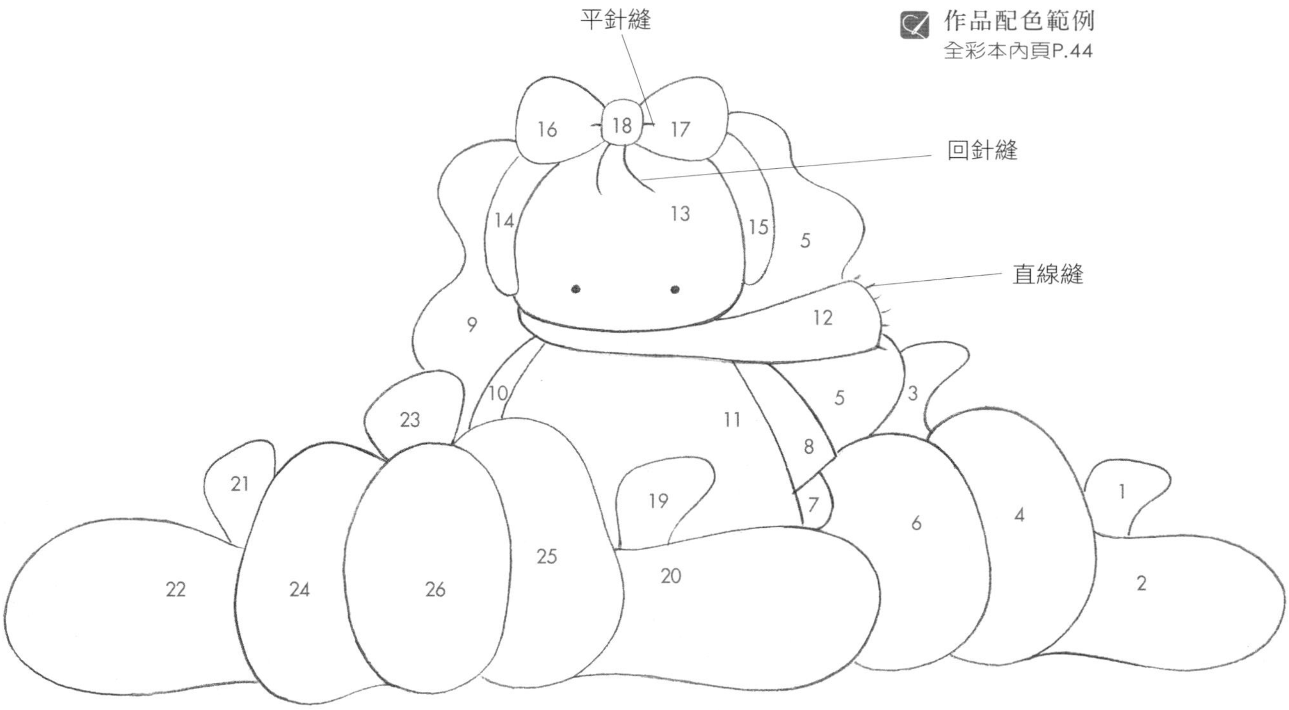
平針縫
作品配色範例
全彩本內頁P.44
回針縫
直線縫
16
18
17
14
13
15
5
9
12
10
11
5
3
23
8
21
19
7
1
6
4
25
22
24
26
20
2

作品配色範例

全彩本內頁P.46

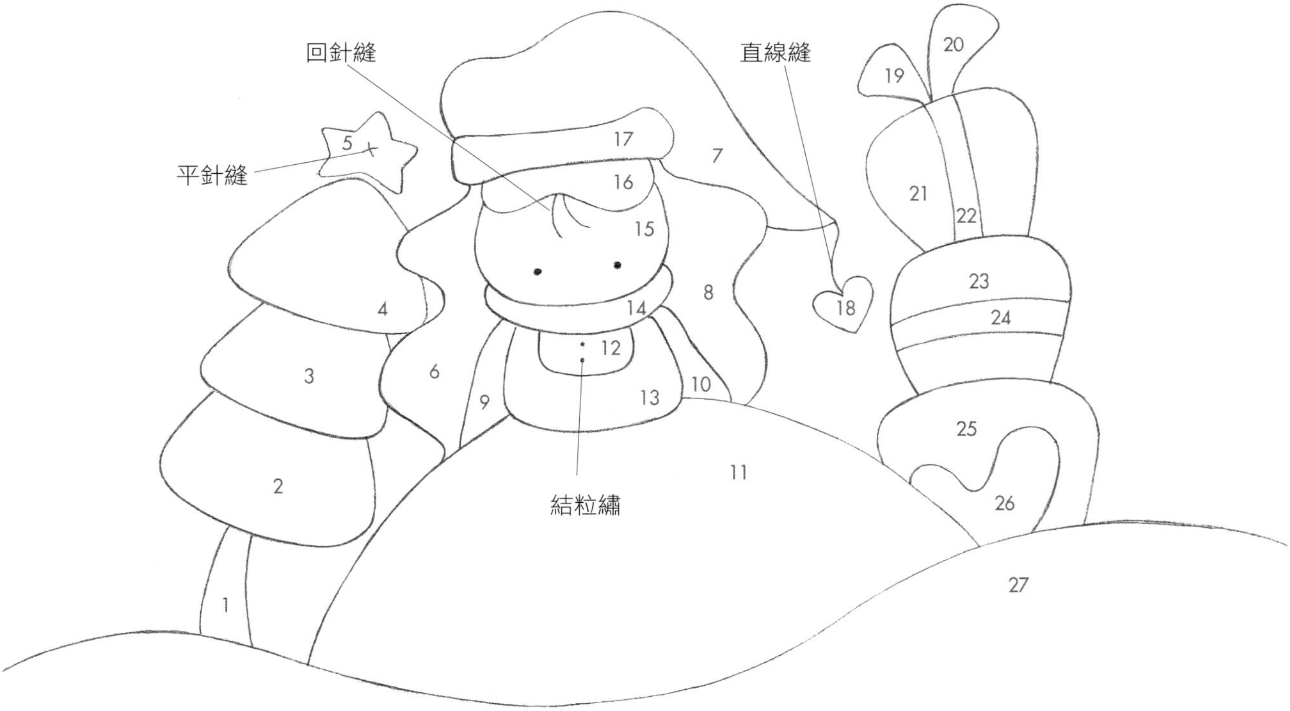

直線縫
作品配色範例
全彩本內頁P.27
直線縫
3
4
10
直線縫
結粒繡
9
8
1
2
直線縫
7
5
6
回針縫
小立釦
透明珠子
直線縫
3
作品配色範例
全彩本內頁P.47
2
平針縫
4
1
直線縫
透明珠子
透明珠子
直線縫
透明珠子
直線縫
4
3
2
4
6
5
3
2
4
2
3
2
1
1
1
平針縫
平針縫
平針縫

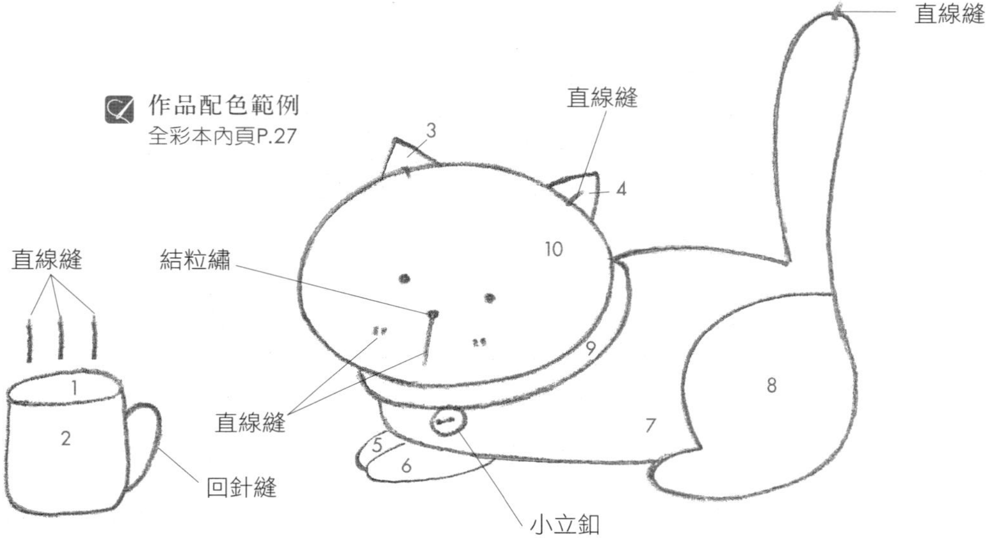

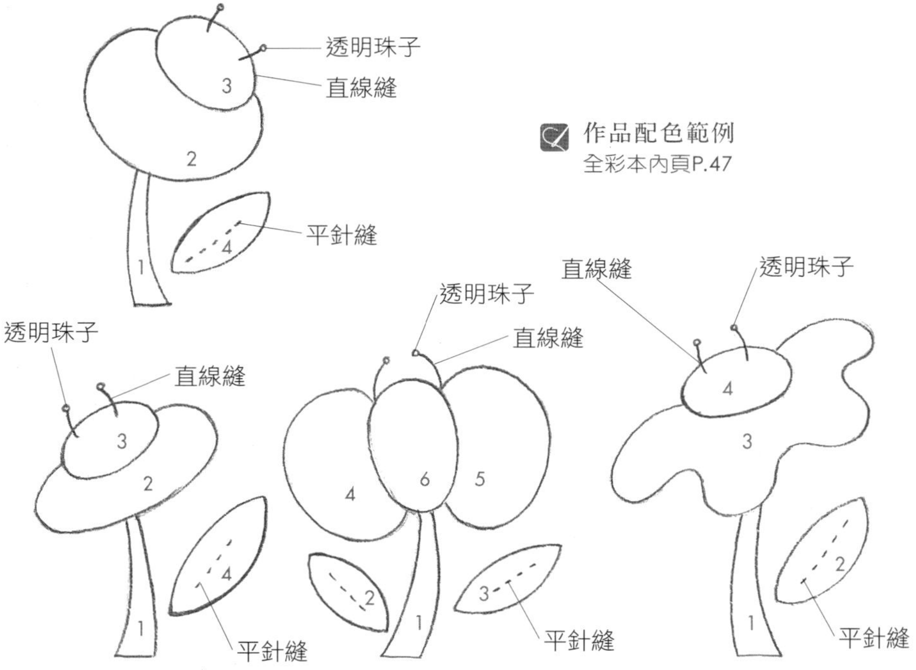

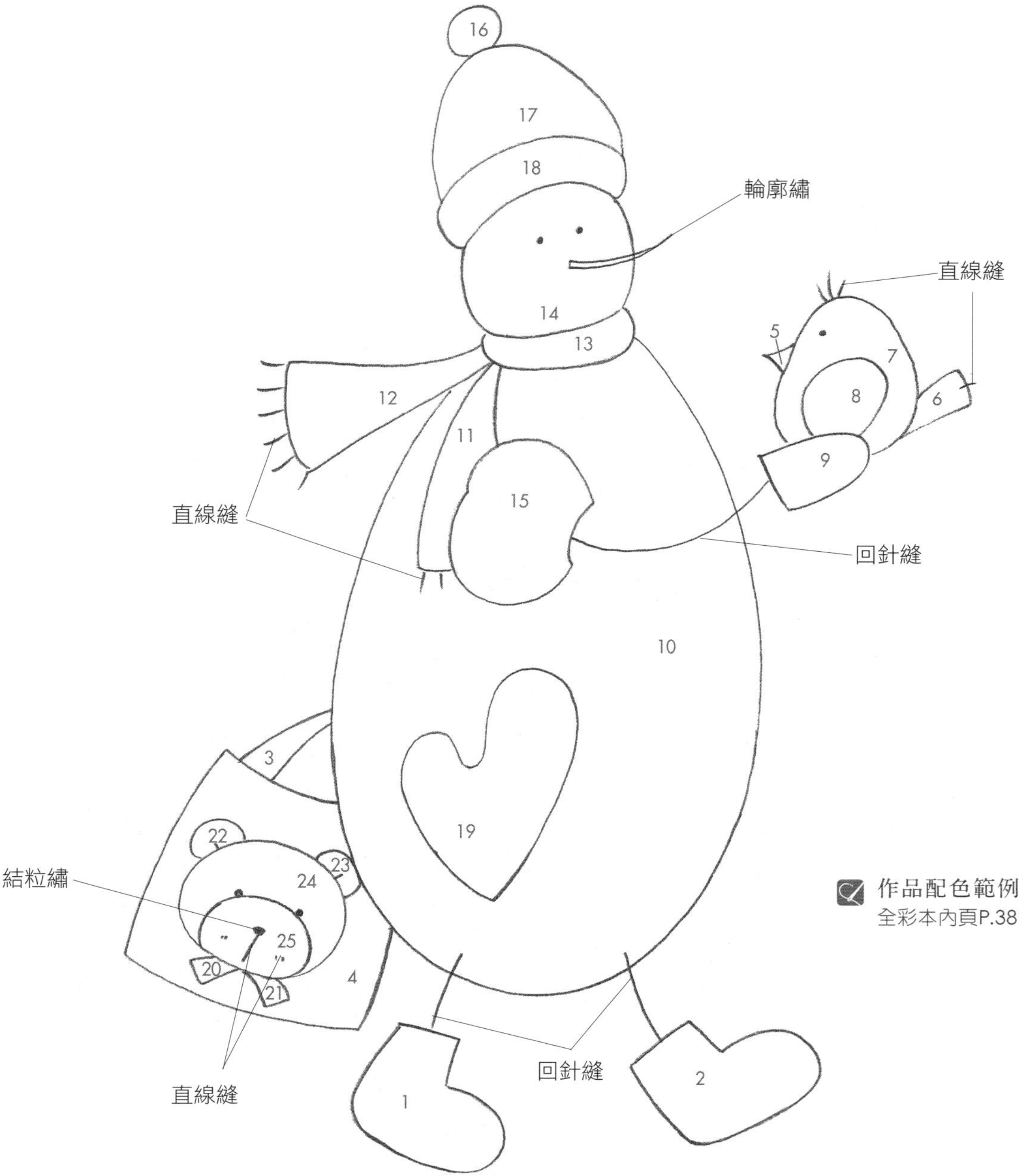

作品配色範例
全彩本內頁P.38

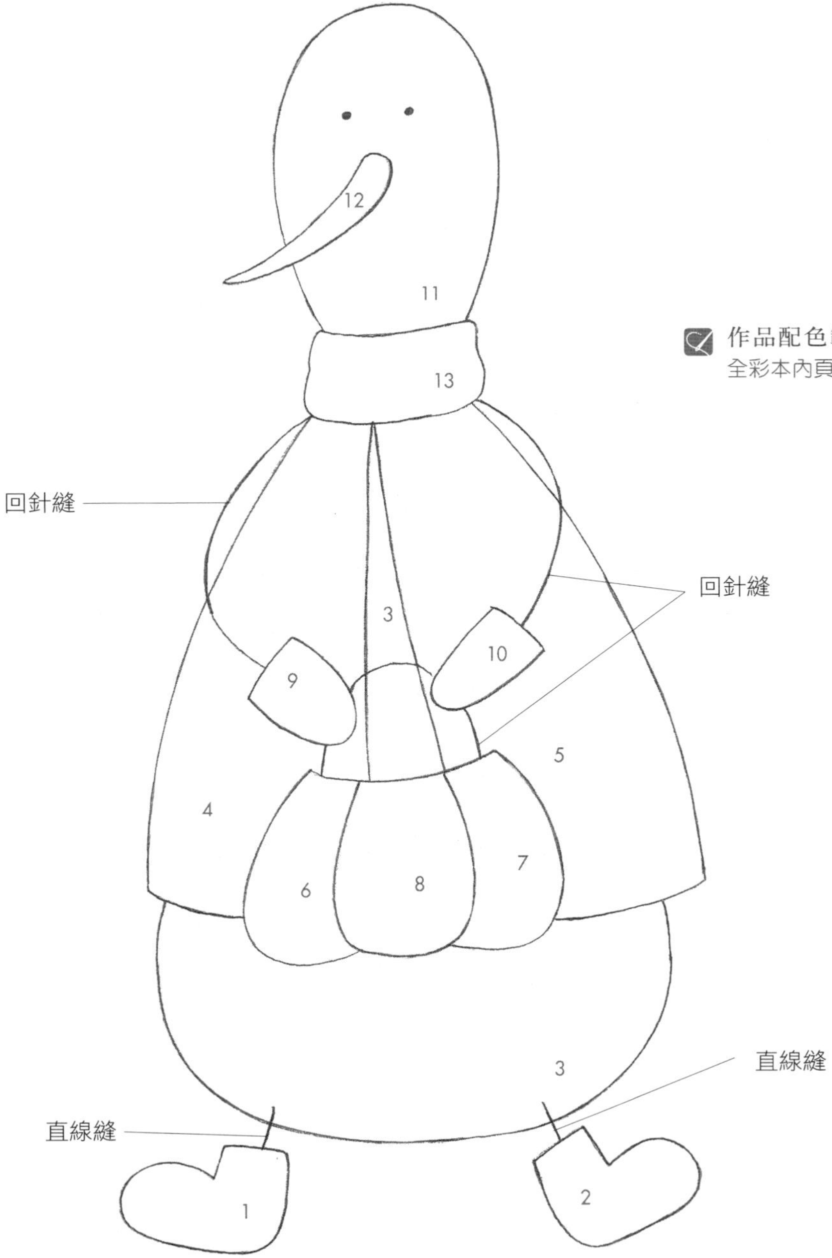

作品配色範例
全彩本內頁P.41

作品配色範例
全彩本內頁P.40

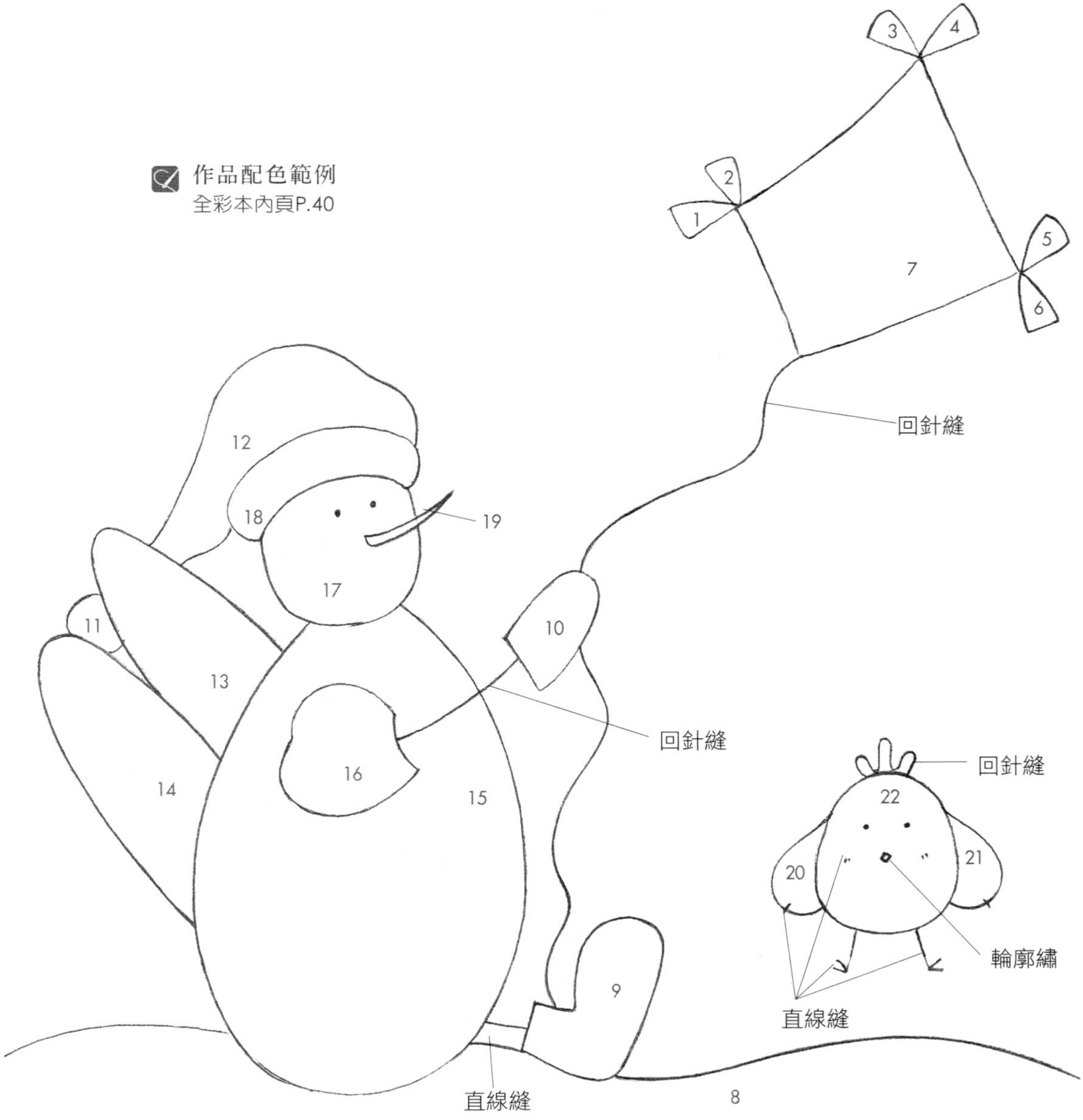

作品配色範例
全彩本內頁P.39

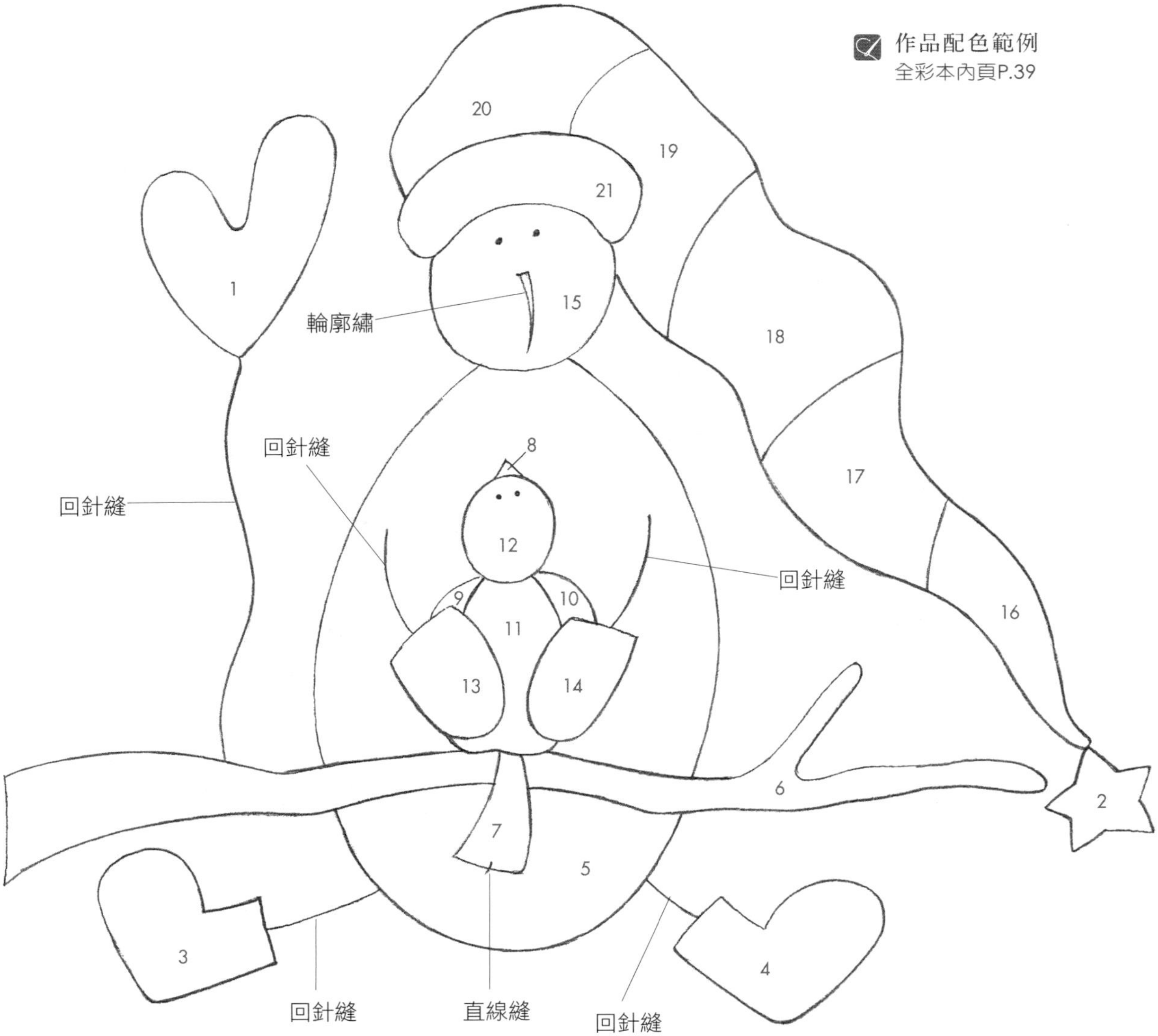

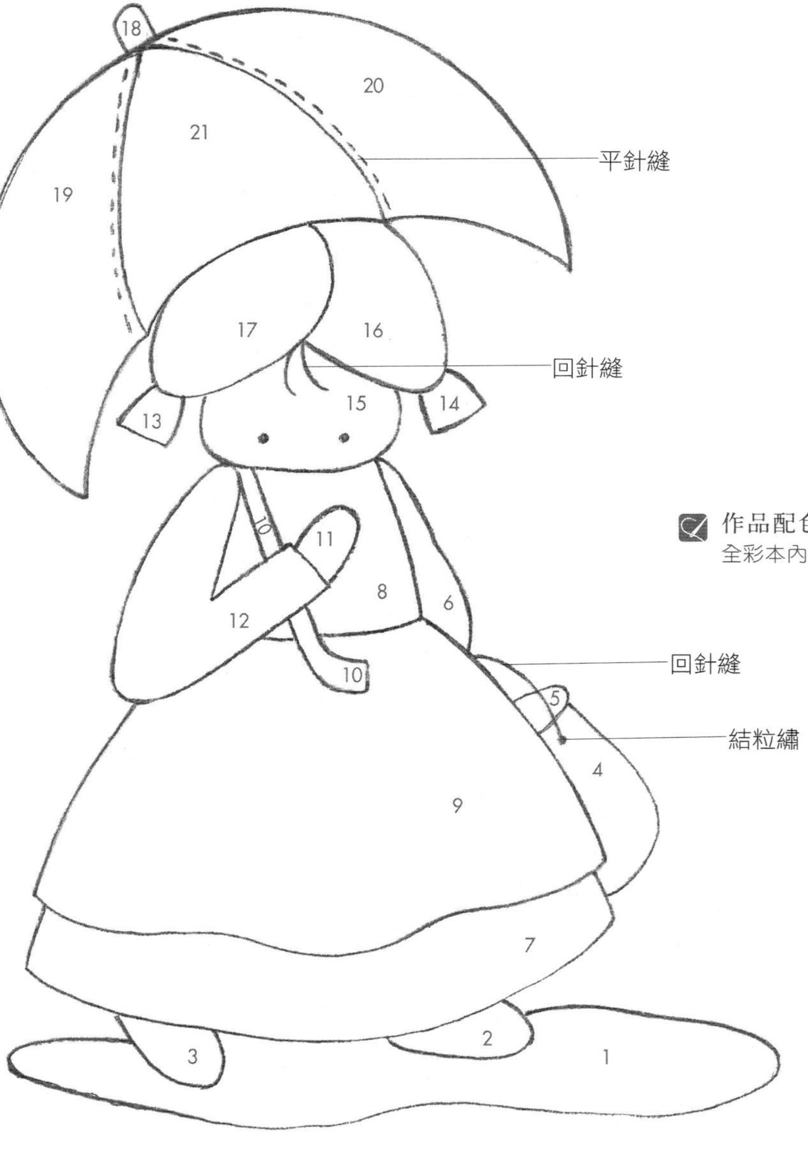

作品配色範例
全彩本內頁P.11

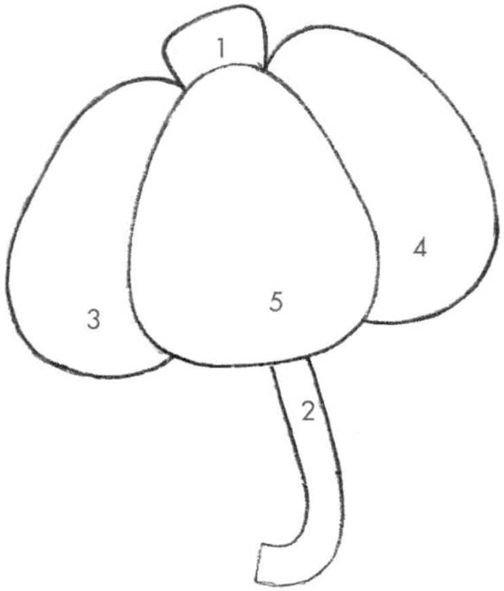

作品配色範例
全彩本內頁P.10

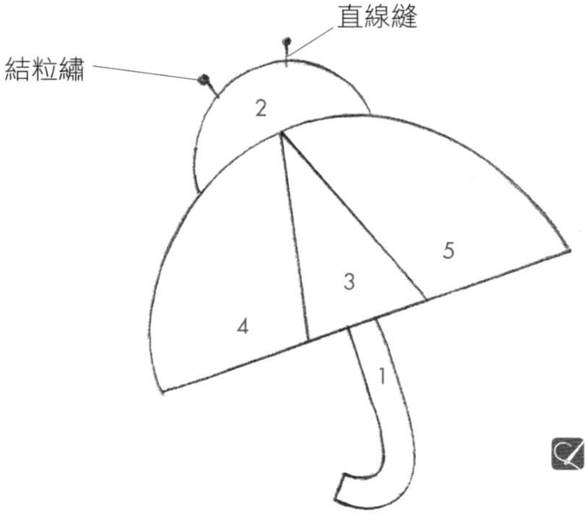

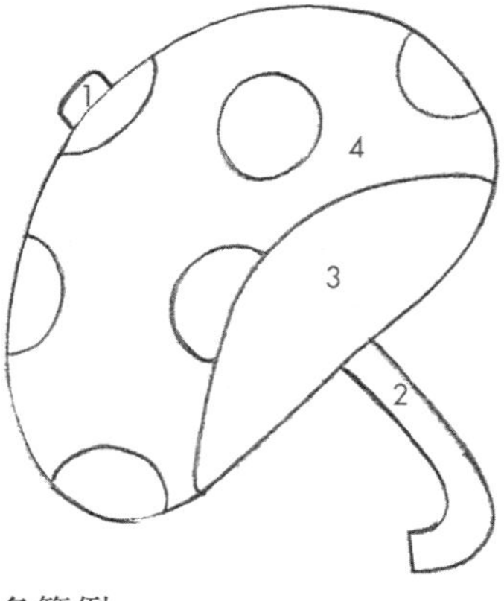

作品配色範例
全彩本內頁P.12、P.13

作品配色範例
全彩本內頁P.18

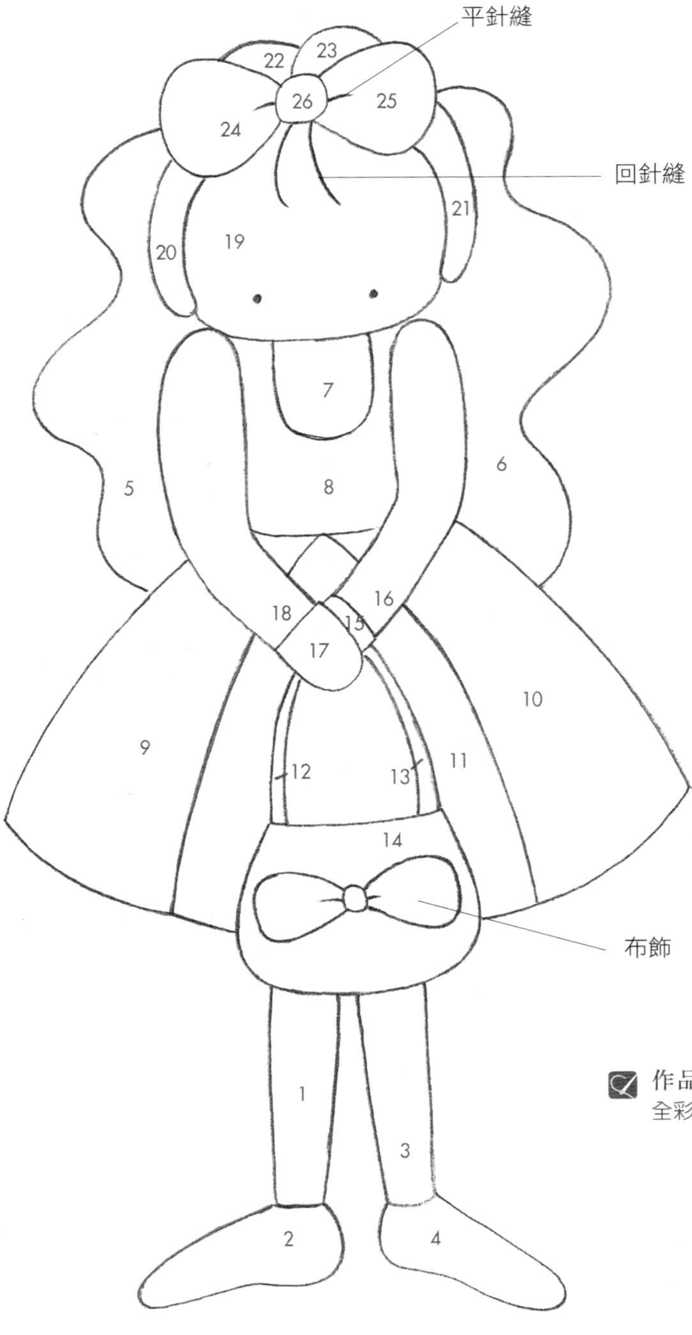

作品配色範例
全彩本內頁P.34

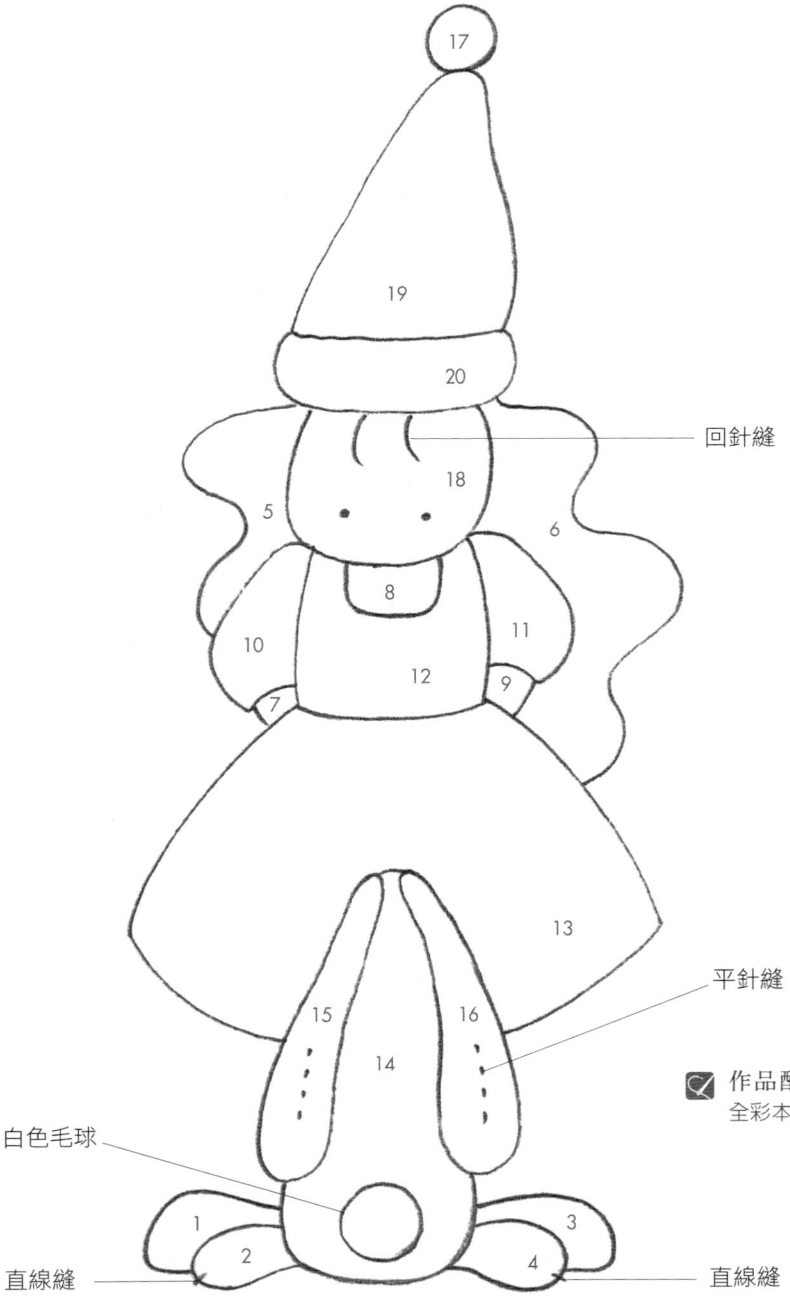

作品配色範例
全彩本內頁P.15

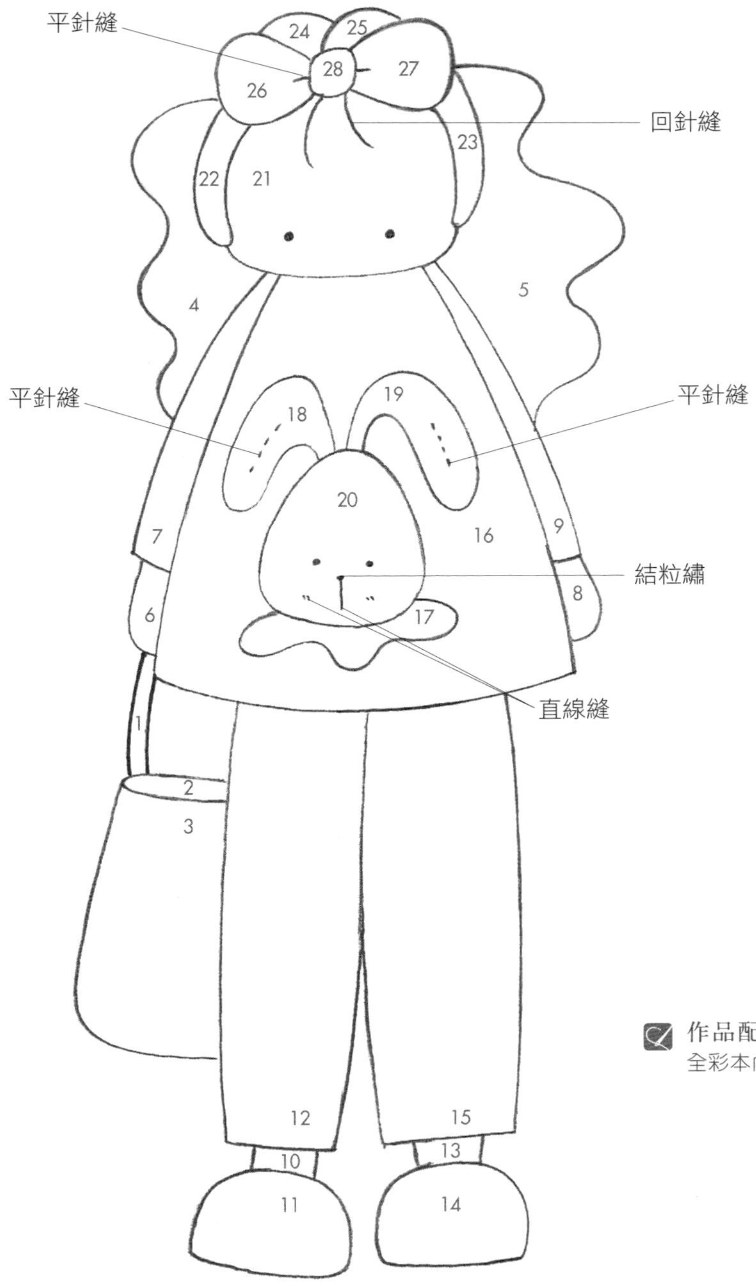

作品配色範例

全彩本內頁P.30

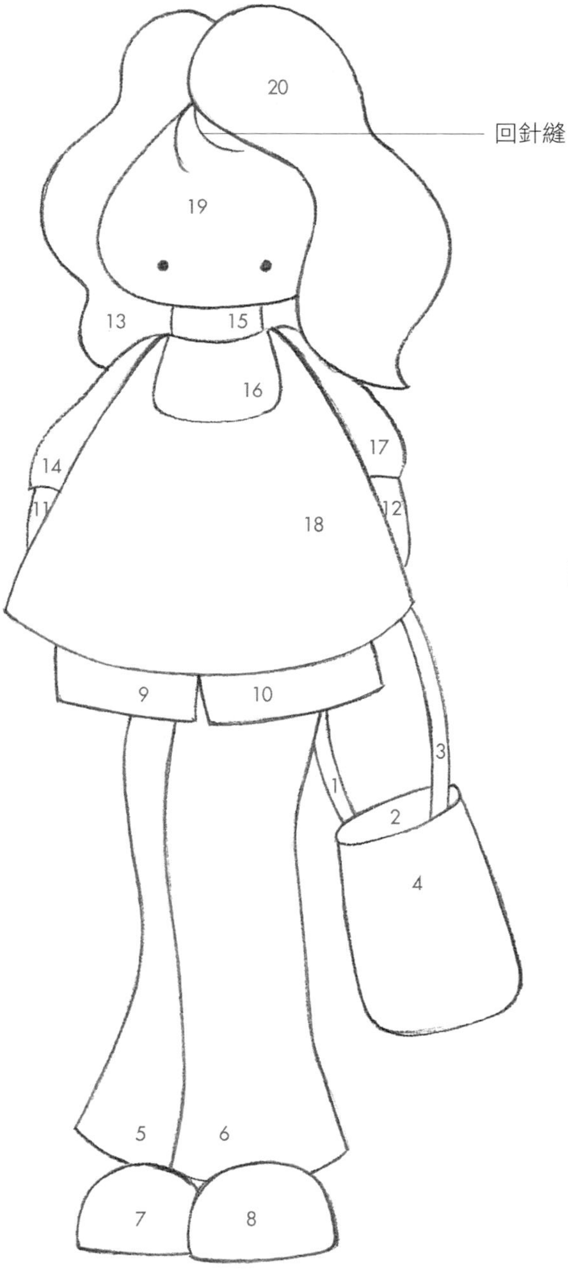

作品配色範例
全彩本內頁P.32

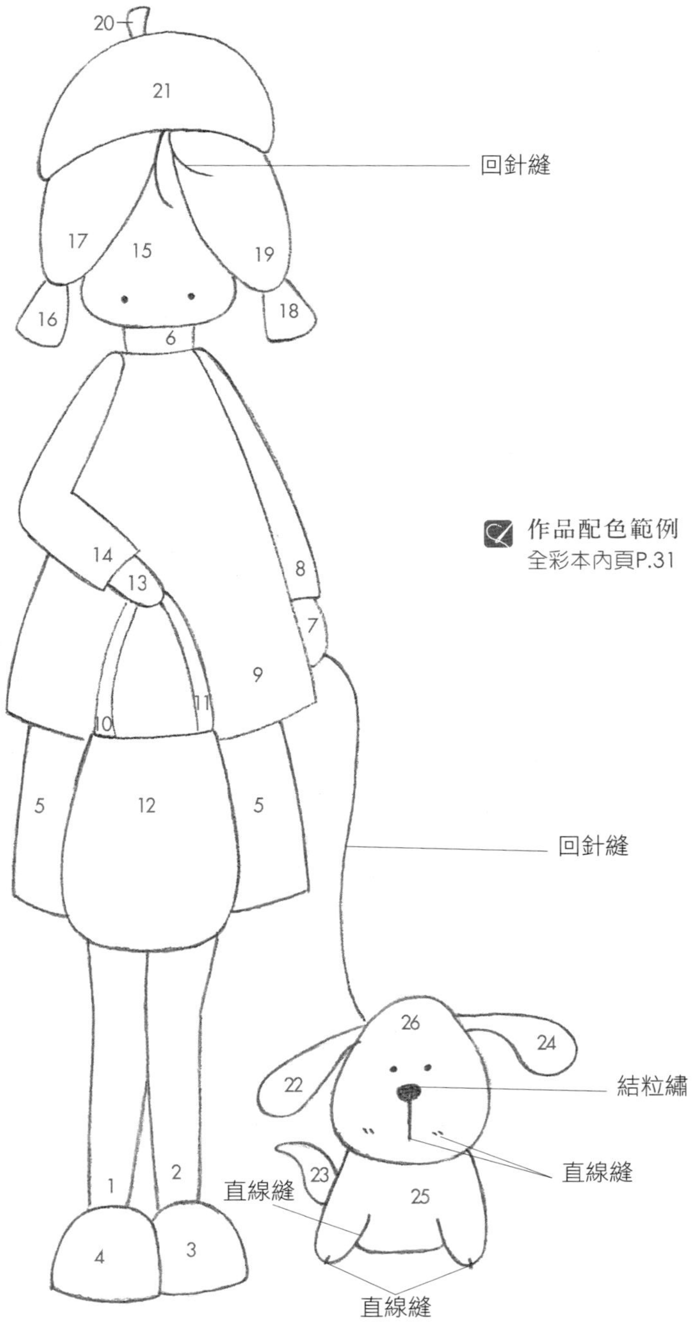

作品配色範例
全彩本內頁P.31

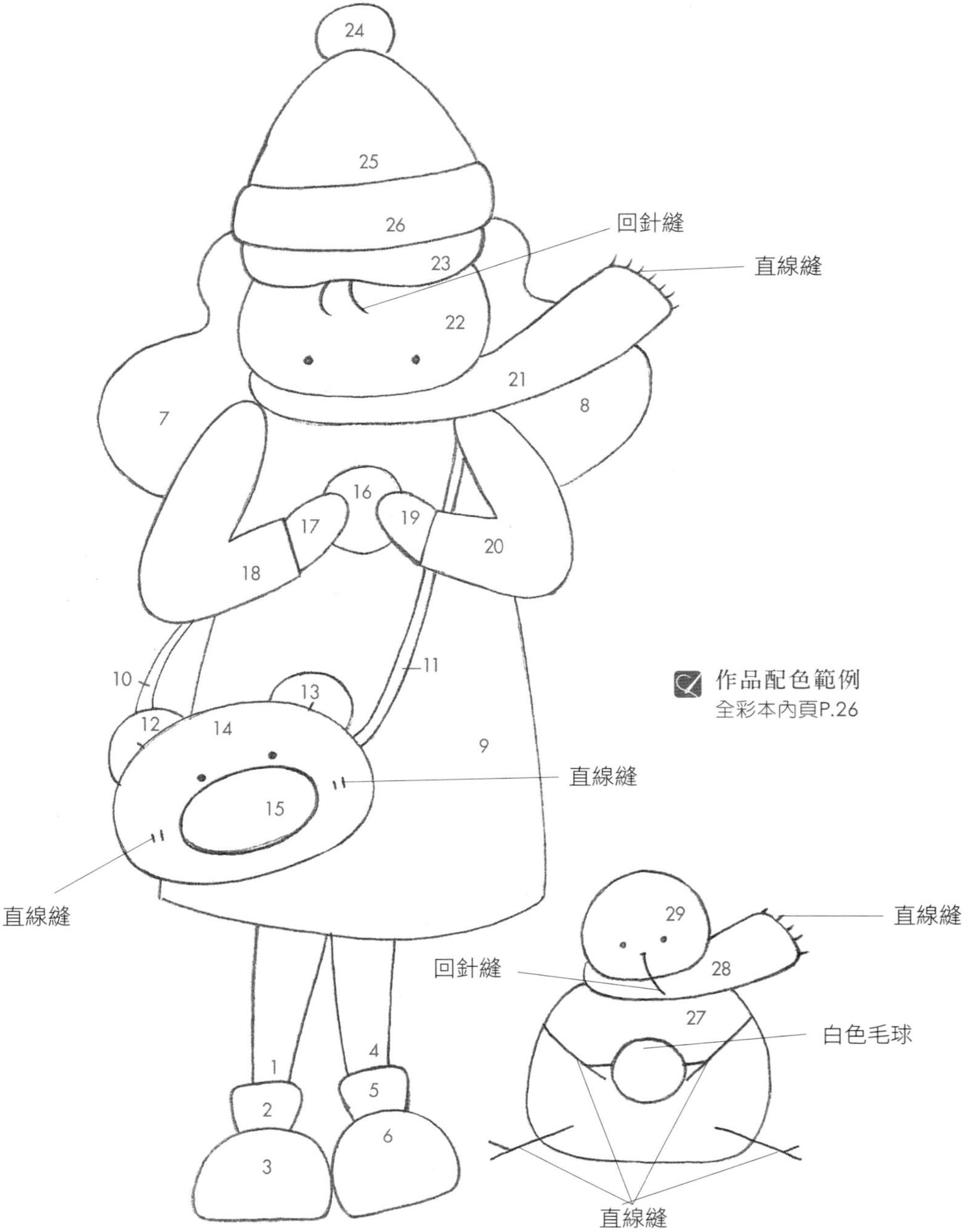

作品配色範例
全彩本內頁P.26

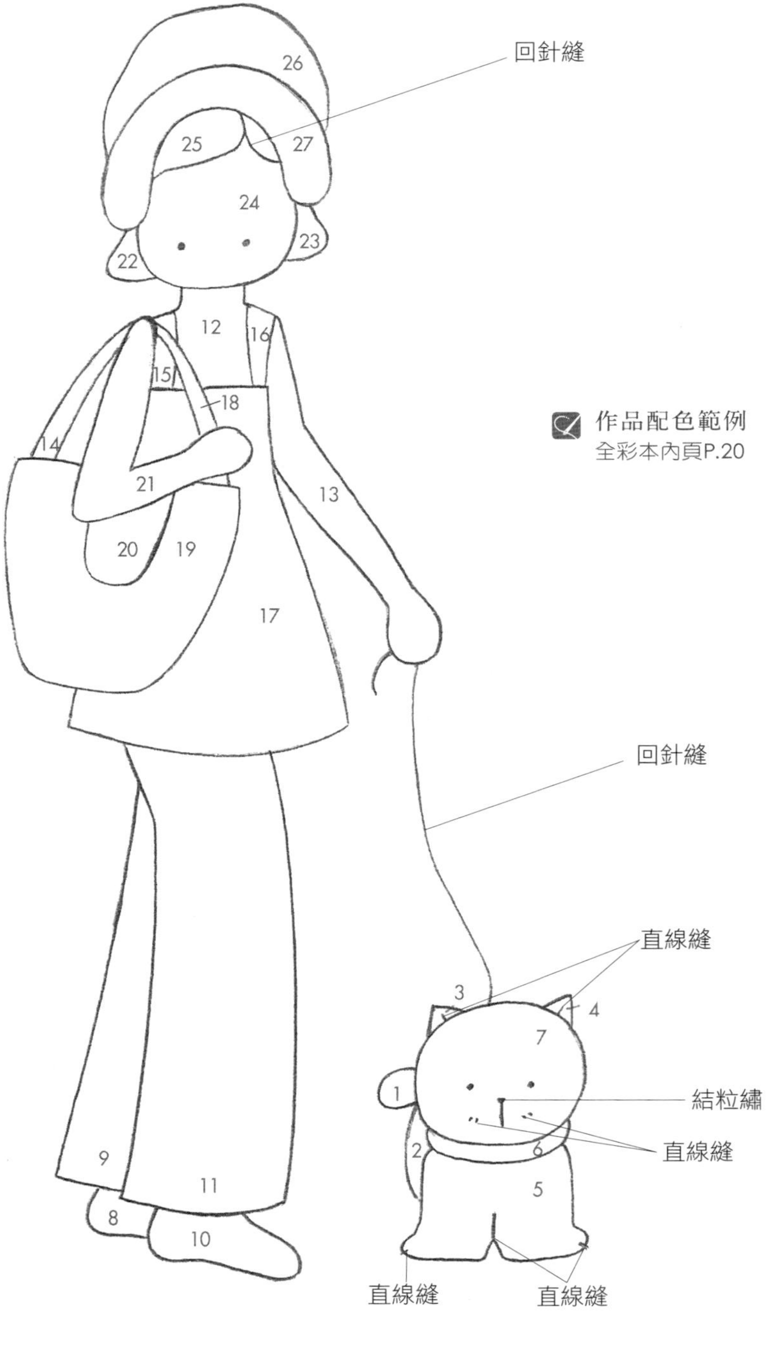

作品配色範例
全彩本內頁P.20

作品配色範例
全彩本內頁P.28

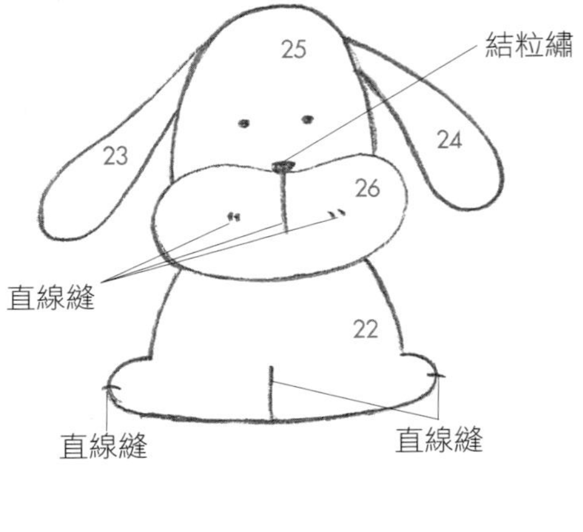

21
22
23
回針縫
20
11
10
19
作品配色範例
全彩本內頁P.23
18
直線縫
13
14
17
16
15
9
8
12
2
1
6
4
3
7
5
28
直線縫
29
輪廓繡
26
25
27
回針縫
24
直線縫
小立釦
結粒繡

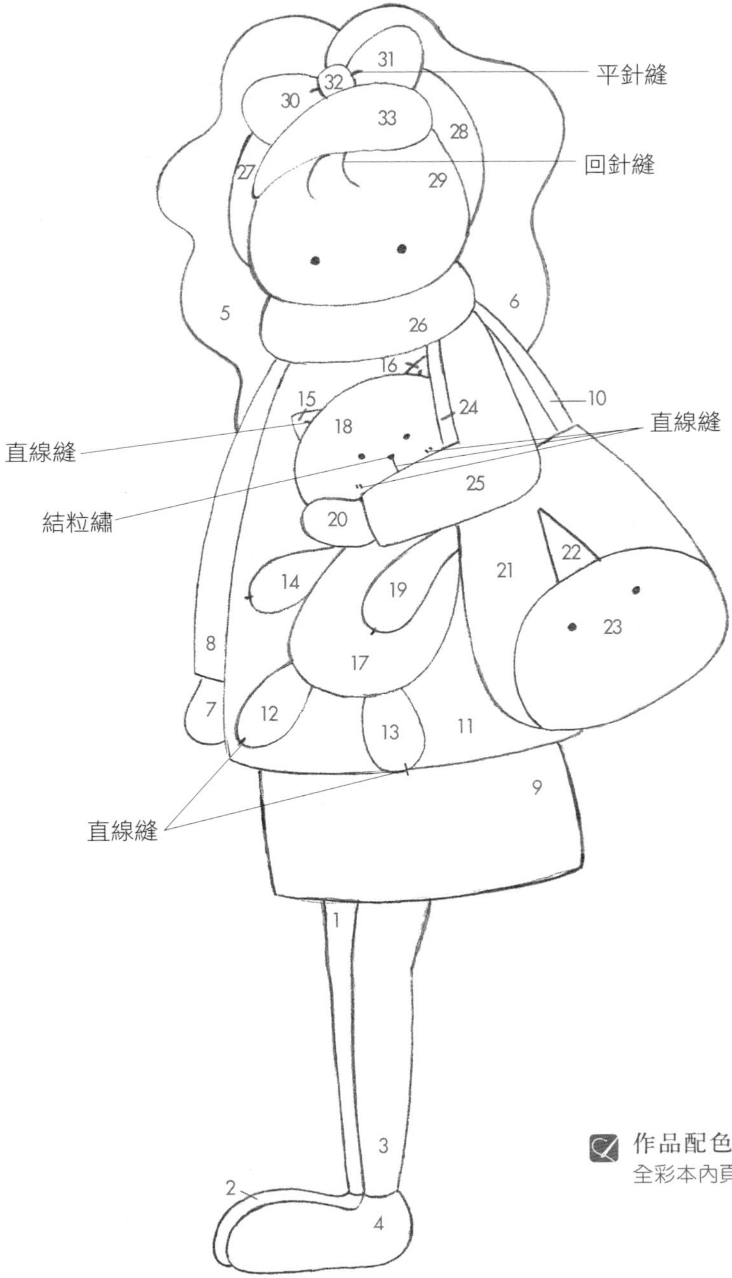

作品配色範例
全彩本內頁P.33

作品配色範例
全彩本內頁P.27
4
5
6
7
8
結粒繡
9
直線縫
1
3
2
回針縫
作品配色範例
全彩本內頁P.29
透明珠子
1
2
輪廓繡
3
直線縫
1
2
直線縫
結粒繡
6
直線縫
5
3
裝飾釦
4
直線縫
回針縫
4
3
2
1

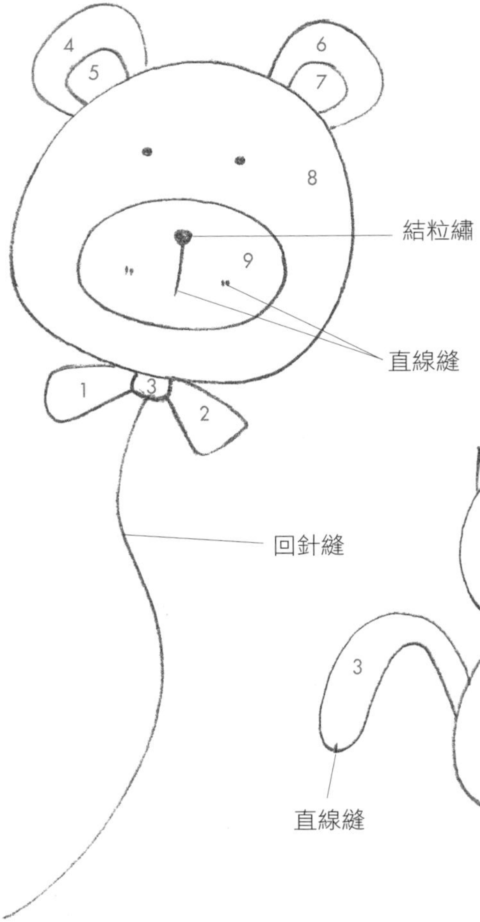

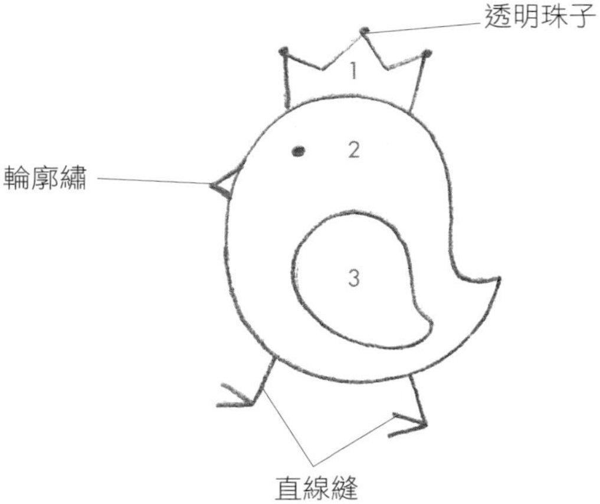

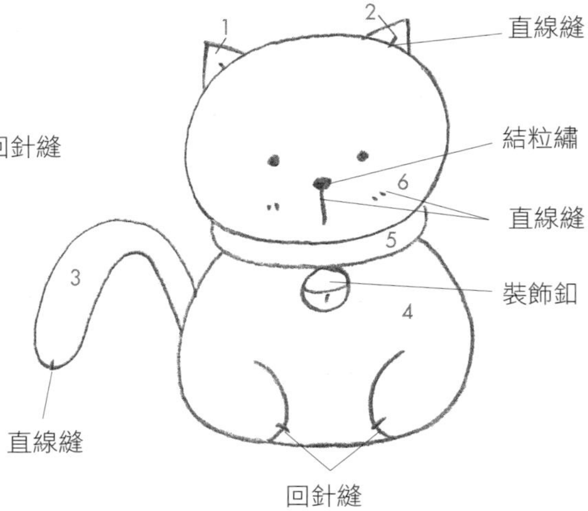

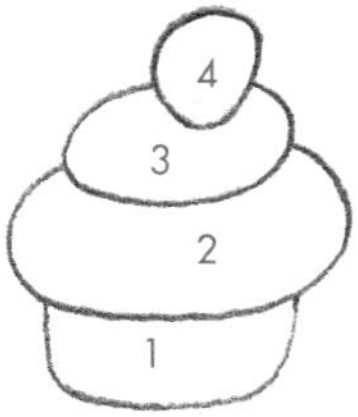

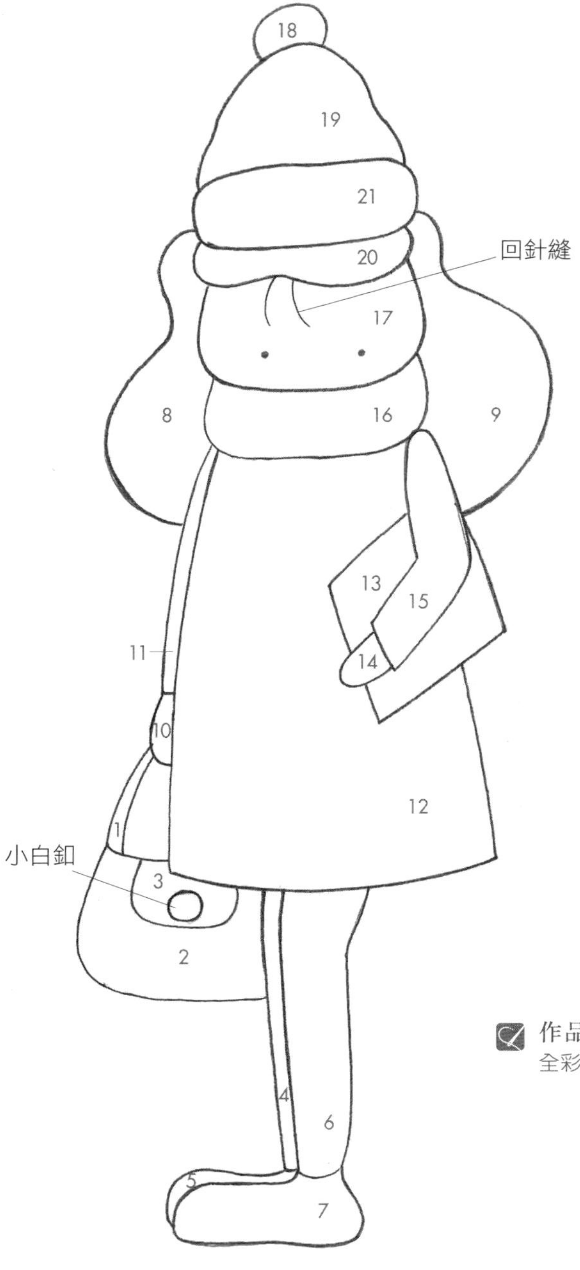

作品配色範例
全彩本內頁P.22

16
17
18
回針縫
15
7
6
14
5
作品配色範例
全彩本內頁P.14
直線縫
輪廓繡
11
13
10
12
21
22
20
19
9
8
2
直線縫
1
3
4